好好说话

简单有效的高情商沟通术

马东出品

马薇薇、黄执中、周玄毅、邱晨、胡渐彪 著

 北京联合出版公司
Beijing United Publishing Co.,Ltd.

图书在版编目（CIP）数据

好好说话.2,简单有效的高情商沟通术 / 马薇薇等
著. -- 北京：北京联合出版公司, 2018.9（2023.8重印）
　ISBN 978-7-5596-2563-2

　Ⅰ.①好… Ⅱ.①马… Ⅲ.①语言技巧—通俗读物 ②人生哲学—
通俗读物 Ⅳ.①B821-49 ②H019-49

　中国版本图书馆CIP数据核字（2018）第201713号

好好说话.2，简单有效的高情商沟通术

作　　者：马薇薇等
责任编辑：管　文

北京联合出版公司出版
（北京市西城区德外大街83号楼9层　100088）
河北鹏润印刷有限公司印刷　新华书店经销
字数：208千字　　880毫米×1230毫米　1/32　　印张：9
2018年9月第1版　　2023年8月第15次印刷
ISBN 978-7-5596-2563-2
定价：55.00元

改变 CHAPTER 01
影响他人决策

化解 **CHAPTER 02**
克服无言困境

提升 CHAPTER 03
强化语言效率

维护 CHAPTER 04
巩固自身利益

拉近 CHAPTER 05
促进人际关系

理解 CHAPTER 06
用情商表达自己

请用好"说话"这个魔戒

蔡康永

从小学开始，我就被指派参加各校之间的演讲比赛，作文比赛，辩论赛。当时参加这些比赛唯一开心的，是可以以此为借口，不去上一些讨厌的课。

至于比赛本身，当然很可怕，输了觉得自己没用，赢了又觉得是靠着讲些自己都不信的东西来取胜，也不值得高兴。

我就这样一路怀抱着无奈，甚至排斥的心情，看待说话这件事。我过早地见识到说话的力量，尤其是发现心口不一的说话，却能带来世俗的奖励，更使我对说话产生疑惧。

后来有一阵子，我变成一个不爱说话，喜欢写字的人，我对说话产生一种类似看待"魔戒"的感觉，别人越是仗着会说话去玩弄人心，我越讨厌。

幸好不用再参加比赛以后，我渐渐有机会遇到很多认真说话、在乎别人的人。他们把说话当成建立关系的依据，也接受说话这件事的各种缺陷与限制。

他们就是好好说话的人。好好看待说话这件事，好好运用说话的力量。

这本《好好说话 2》的各位作者，也都是这样的人，他们加强了我对说话抱持的信念，也带给我很多以前没有品尝过的乐趣。我很高兴能跟他们共处了一段奇妙的时光，我希望你也能透过这本书，体会到我已收获的信念与乐趣。

说话，大约可以解决一切烦恼

马东

从《好好说话》第一季音频节目在喜马拉雅上线开始算起，过去两年多的时间里，我们这个团队其实只做了一件事：研究说话。你现在看到的这本书，就是通过这两年的打磨，总结出的一套实操性语言表达的"心法"。

有朋友问过我："《好好说话》第一季做得那么好，为什么还要做第二季？你不怕第二季没有第一季成功吗？"说实话，我有过这样的担心。《好好说话》系列产品获得了很优秀的成绩——音频节目累计播放 8000 万次，累计订阅 82 万人，销量超过 40 万份，等等。但是荣耀越多，压力也就越大。我也怕我们无法超越过去，我也曾犹豫过要不要再做第二季。可是，有一件事改变了我们的想法。

自《好好说话》第一季播出后，黄执中、马薇薇、邱晨等"老奇葩"的微博，收到很多网友的私信。他们不只向"老奇葩们"请教说话技巧，更有越来越多的朋友把他们在生活中遇到的困惑、痛苦和我们分享。我们在讨论这些提问的时候发现一件事：网友的提问虽然有的靠谱有的不太靠谱，但是就算问题是假的，问题背后的痛苦却是真的。他们愿意把痛苦说给我们听，这份信任，是我们做第二季的底气。

而这本书，就是以我们收集到的4800多个网友问题为基础，凝结出的一套"说话急救手册"。书里的每一个问题，都不是纸面上的理论分析，而是许许多多真实的人，在生活中遇到的真实困惑。而我相信，书里提及的问题，你也一定遇到过。

你可以带着你的困惑，翻到相应的章节看看你的问题具体要怎样解决；你也可以按顺序从头读到尾，一次性收获六种能力（改变他人、化解矛盾、提升自我、维护利益、拉近关系、修炼情商）。当然，我们的想法还不止于此。这本书还列举了常见的误区，也就是通过"常见的说法"与"更好的说法"做比较，让你不仅知道该怎么说，还能更加深入地理解为什么要这样说。

当然，在出书的时候，我也有过疑惑：《好好说话》音频节目，有种面对面解决问题的现场感，这种对话形态独有的灵动，在演变成文字的时候，该怎样保留下来呢？

后来，很多买过《好好说话1》的读者解答了我们的疑惑：听和读，本来就是两回事。听过我们音频的同学，读这本书仍然会有新收获。而读完这本书再去听音频，也会有完全不同的领悟。问题的关键，不是让文字去复述音频的内容，而是按照学习本身的规律，给大家提供一本有关说话的"实用手册"。

这要说回到学习的两种方式，第一种是从知识本身出发，先告诉你"是什么"和"为什么"，再教你"怎么做"，这是教学逻辑。第二种，则是从需求出发，针对你可能遇到的问题，提供相应的解决办法，在依样照做的过程中积累心得体会，最终触类旁通成为高手，这是实用逻辑。

学校教育，用的是教学逻辑：你得先学理论，再学规则，然后由易到难有系统地做题。不管是学物理还是学外语，都是这么一套流程。哪怕是上个厨师专修学校，也得从选材备菜到刀工火候，一个科目一个科目地来。

而实用逻辑的特点是，你可以在最短的时间内，学会如何解决你最痛的问题。前面提到过，我们收到了好几千个有关说话困扰的求助，遇到过各种或常见或古怪的问题。不过归结起来，人们希望通过说话达到的目标，大致是以下五类：改变别人的想法、化解冲突和尴尬、提升自己的表现力、维护应有的权益和拉近跟别人的心理距离。

所以，这本书就是针对这五个需求的解决方案，分别教你改变、化解、提升、维护和拉近的技巧。另外，由于很多说话问题的根本症结是对情绪的误解，因此我们单列出第六章，集中探讨说话背后的情商问题。在这一章里，我们不教具体话术，而是教应对原则。也就是该怎样理解他人、理解自己，做一个善解人意而又不丧失自己立场的人。

总之，这是一本只有六个关键词（改变、化解、提升、维护、拉进、理解），但却有无数种打开方式的书。说它是实用手册也好，说它是词典也好，我们的宗旨是希望通过"好好说话"的方式，帮助你解决现实生活中正面临着的难题。

懂说话，才懂得做人的滋味

黄执中

年轻时读金庸小说，在序言里，金庸开头的第一行，就只有两句话："小说是写给人看的。小说的内容是人。"

是的，武侠小说里，那千姿百态的刀光剑影，其实不过是一层外衣……作者真正感兴趣，真正在传达的，永远都是"人"。只有"人"，才能够吸引人。

说话之道也是如此。

话是说给人听的。好好说话，是一门关于人的学问。也许有些人听了我们的音频课、读了我们的书，会有一种误解……以为所谓的"学说话"，就是在掌握一门技巧，好让自己可以按部就班，透过某个工具化的步骤，像操纵机器一样去操纵言语，进而去操纵人。不是这样的。

在编写《好好说话》的过程中，我们不断想展示的，其实是一种兴趣，一种对于"人"本身的兴趣。为什么人想要说话？因为你想接触人，想认识人，想关心人，想改变人。这是说话的本质，也是人与人之间的本质。

巴西小说家保罗·科埃略说过一句很有意思的话："原罪不在于夏娃吃了禁果，而在于她如果不跟亚当分享这项发现，她就会孤独。"

人为了变得更加亲密，而非疏远，所以才会学习道谢，学习道歉，甚至学习道别。人为了消弭情感纠纷，化解利益冲突，所以才会学习沟通，学习谈判，学习说服。人为了表达爱——发自内心的爱，所以才会想要试着袒露、分享、告白。

一切说话的技艺，枝繁叶茂、鲜花硕果，都是从一粒种子，从对"人"本身的兴趣，萌发开来。一个对说话感兴趣的人，他必然、也必须是一个对"人"感兴趣的人。因为说话真正的奥妙与乐趣，都是依附在人身上的——你见到人们透过你的沟通，而变得释怀、欣慰、体谅，变得松开拳头，或是寻求拥抱，变得恍然大悟，或是有了共鸣……

台湾有部电影，里头演到一位名厨，大家说他的料理能让人感到"做人的滋味"，能让人体验到，生而为人那种酸甜苦辣的幸福。在沟通中，那种种令人难忘的奇妙感受，我认为正是所谓"做人的滋味"。

而所谓"懂说话"的人，就是能深深地品味"做人的滋味"，也能把这种奇妙的体验，分享给其他人，让人感谢言语的存在。好好说话，其实就是"好好做人"，好好体会人的喜怒哀乐。

曾跟邱晨聊天，她说她这个人很相信"言灵"。也就是一个人说的话，能不能影响别人，还在其次……最重要的，是那句话一旦说出口之后，肯定会先影响到他自己。同样一件事，你用什么方式去"说"，就决定了你能用什么方式去"想"。

就像第一次吃臭豆腐，有的人会说："嗯，这东西好难吃！"但有的人却会说："嗯，这东西我还吃不出它哪里好！"不一样的说法，就是在用不一样的方式，在说话者的内心画了一个"圈"。

有人说：语言，既是我们的疆界，也是我们的居所，更是我们的牢笼。一个人的话语中，往往埋藏着他的思考与企图，情绪与欲望，包含着他对外界的猜测与理解，期待与恐惧。

一个人的可能性，都在他开口之后的话语里。所以，要好好说话。那不只是为了别人，也是为了自己。

发自对人的兴趣、对人的关怀……这是我们策划《好好说话》的宗旨，是我们制作《蔡康永的 201 堂情商课》《马东的职场 B 计划》等一系列音频课的宗旨。当然，也是本书的宗旨。

如果你也有这层关怀，那么，这本书就是为你写的。如果没有的话，希望你读完这本书后，也能有同样的关怀。

01

改变
影响他人决策

1

说话能力，为什么是一种刚需？因为无论多么不喜欢说话的人，也总有希望"改变他人"的时候。问题是，到那个时候再去琢磨说话是怎么回事，就已经太晚了。

所以，不妨现在就问自己一个问题：要怎样说话，才能尽可能不被对方拒绝？换句话说，想要改变他人的想法和做法，难点在哪里？

有三个主要原因：（1）基于本能的逆反心理，别人不愿被你改变；（2）由于缺乏信任，别人不敢被你改变；（3）出于不同的思考方式，别人不能被你改变。

相应地，想要通过说话改变他人，也得对症下药，可以从以下三方面锻炼说话技巧：（1）如何降低对方的抗拒心态；（2）如何增加对方的信任感；（3）如何引导对方思考问题的方式。

第一节
用"选择"降低对方的抵触情绪

放不下的都是枷锁，离不开的都是牢笼。说这是愚蠢的执拗也好，说这是热爱自由的天性也好，反正人就是这么奇怪的生物。无论多好的事情，只要看起来没有选择，是不得不去做的，抵触心理就会油然而生。所以，想要好好说话，改变他人的想法和做法，首先就需要让对方感觉到，自己永远都是拥有选择权的。

选择的错觉

是非题让人思考"Yes or no"；
选择题让人思考"Which one is better"，
相当于先帮对方回答了"Yes"。

○ · 可能遇到的问题

我的孩子总是不想帮忙做家务，除了奖励和惩罚，有什么更好的说法，能让孩子自己乐意去做家务吗？

常见的说法："今天的碗筷你帮忙洗了吧！"

更好的说法："你可以先把碗筷洗好，再去打游戏。或者，你也可以先玩一会儿游戏，再去洗碗哦！"

? · 为什么要这样说

人很奇妙，如果除了"接受 / 不接受"以外没有其他选择，我们往往会选择"不接受"。这是因为人通常会有一种天生的抵抗性，如果别人要我这么做，我就这么做的话，那就代表我服从，而从某种角度来说，服从就是认输，可是没有人喜欢认输。

一般来说，除非我们能确定这条路是安全的、快乐的，否则我们通常会选择不走。因为我们会本能地觉得，拒绝固然没有收益，但也避免了风险。即使最终由于种种原因不得不接受，心里也难免会有抵触情绪。

所以，不要轻易使用"Yes / No，接受 / 不接受"这样的说法。以小孩做家务这个例子来说，即使是对待小孩子，虽然你已经很客气地加了一句"好不好"，但对方仍然可能感觉到，你是在给他施加压力。

可是，如果把"是非题"变成"选择题"，听起来就完全不一样了。"现在去做家务，好不好？"这是一个是与非的问题。而"你是想现在去做家务呢？还是想玩一会儿游戏再去做家务呢？"虽然实际的意思差不多，但是听起来就变成了一个可选择的问题。听到这句话的人，马上就会去比较哪一个选项更好，感觉有更大的自由空间，做决定的时候也会更加轻松愉快。

很多有经验的"老江湖"，尤其是厉害的销售人员，都很喜欢使用这个技巧。利用一个关键句式"您可以……也可以……"在实际上不提供新选项的前提下，营造一种"有选择的感觉"，降低对方的抵触情绪。

举个例子，有位做家政服务的保洁员，业绩总是比别人好。因为她在提醒客户充值的时候不是直接说："您账户中的余额快要用完了，可不可以现在充值？可以的话这笔充值就会算成我的业绩。"而是说："您的余额快用完了，您可以等我回去之后再充值，也可以现在充值，如果现在充的话这笔充值就会算成我的业绩，您觉得可以吗？"

前一种说法是在问"您要不要充值"，后一种说法则是在问"你是要现在充值，顺便帮我做个人情，还是以后再充值，花同样的钱还得不到一句感谢呢？"大部分人听到这里会觉得，同样是花钱，如果同时能够帮助对方充业绩，何乐而不为呢？

同样的道理，如果你是银行职员，面对排队排得心烦意乱的客户，除了让客户在座位上耐心等待，你还可以给出第二种方案：先拿上号码牌，出去转一圈回来。虽然第二种方案并没有改变客户要继续等待的这个事实，但是只要使用了"您可以……也可以……"这样的说法，对方就会觉得自己有选择空间，也会觉得你比较体贴，他焦躁的情绪就能够得到安抚。

再举个例子，催朋友还钱的时候，如果既不想伤感情，又希望能提醒对方还钱，也可以参考这个说话技巧。你可以说："上次你跟我借的钱，如果有困难，也可以一次还一点，慢慢来没关系。当然，如果你最近手头没那么紧，那一次还我是最好了，你觉得呢？"

✚·延伸思考

1. 想改变他人，就必须首先意识到，只有在"有选择"的情况下，人们才会乐于改变。否则，即使对方被迫接受你的观点，内心也仍然会有抵触和反弹。

2. 所谓"有选择"，很多时候其实只是一种感觉。你完全不需要做出任何实际改变，也可以发掘出某些选项，让对方觉得自己是有选择的。

3. 这种"营造选择感"的话术，并不是欺骗，而是从对方的角度出发，表现你的关心和体谅。

放心，您随时可以反悔

○ · 可能遇到的问题

我是一个销售员，有时推销产品时，我已经把能介绍的优缺点全部分析给客户听了，对方看起来也很心动，但他最后却说还要再考虑一下。我该怎么说，才能让对方下定决心买我的产品呢？

常见的说法："这台榨汁机，今天是我们促销的最后一天，明天就没有这个价格了！"

更好的说法："这台榨汁机你今天买回去之后，如果有任何不满意，放心，七天之内您随时可以反悔，拿回来退。"

? · 为什么要这样说

所谓犹豫不决，其实就是"只差一步就会同意"，也就是你的说服最接近成功的时候。越是到这种关键时刻，你就越是不能急，注意掌握力度，轻轻"推"上一把就好。

而这最后一"推"，怎样才能让人无法拒绝呢？

很多人以为，在对方犹豫的时候，最重要的是催促他们赶紧下决定。比如面对犹豫的顾客，要告诉他们"今天不买，以后就没机会了"。这种招数，对于涉世不深的菜鸟也许有效，但是在到处都是"最后一天大减价"的广告狂轰滥炸的今天，这种伎俩的效果会越来越小。

进一步说，你的态度越是急切，就越会让对方觉得自己是没有选择的，在这种压力之下，由于担心做出错误决定，反而可能会让人驻足不前。对方原本已经站在了十字路口上，你这么一催，他反而可能会往后退。

所以，更好的说法，是告诉对方"放心，现在做的这个决定，你随时可以反悔"，以降低对方的选择压力。如果对方觉得，反正还有后悔的机会，何不试试再说，就很难有拒绝的理由了。

事实上，现在很多商家都推出了"不满意可以无条件退货"的服务。这种服务的主要目的，一方面当然是保障客户的权益；另一方面，也是帮助一线销售员推动客户做决定。

就算没有退货服务，还是可以使用这个原则来说话。以汽车销售为例，假设你看到客户在犹豫不决，就可以这么说："这位先生／女士，我知道您觉得这辆车很不错，只不过还不能做决定对吧？没关系，我给您一个建议，今天您可以先付一点订金，把这辆车先订下来，再回去慢慢思考。以免在您考虑的时候，这辆车被别的客人买走了。在这一个礼拜内，您随时都可以反悔，而且请您放心，如果反悔的话，这笔订金我也会全额退还的。"

以上这段话，没有让对方付出任何不可挽回的成本，所以几乎不可能被拒绝。而只要对方做出了第一步决定，你就已经成功了一大半。因为反悔意味着丧失掉他在做选择的时候，已经付出的时间和精力。而且，对于到手的东西，比如所谓"随时能退"的货品，再想割舍，还要再多做一次决定，大多数人不会有这样的意愿。这也正是为什么就算你提供充分的"后悔权"，真正后悔的人也不会太多。

+ ▪ 延伸思考

1. 人只要跨出了第一步，通常就不会回头了。但也正因为如此，做决定的时候，最让人担心的就是开弓没有回头箭，世上没有后悔药。要打消这层顾虑，就要保证对方有后悔的权利。

2. 别担心，大多数人并不会真的后悔，因为后悔本身需要割舍已经拥有的东西。而心理学研究表明，人们对于自己实际占有的东西，通常都会估值过高，以致很难放弃。这就是为什么就算商家保证无理由退货，也不用担心亏本。

甜咸比

在相同的条件下，如果你威胁对方，
达成协议的成功率，
只有不威胁的一半而已。

○·可能遇到的问题

看到喜欢却超过预算的东西，我该怎么跟商家杀价呢？

常见的说法："你不卖便宜点，那我要走了，卖不卖随便你！"或是"老板，你行行好，卖给我便宜点嘛！"

更好的说法："我确实很喜欢这件，也很想在你家买，不过有一些店卖得更便宜，让我很犹豫，该怎么办呢？"

?·为什么要这样说

前面说过，在没有选择权的情况下，任何人都会产生负面的应激反应。即使在"谈判"这种很多人觉得本来就应该剑拔弩张的场景里，让对方觉得"受到逼迫"，也仍然是不明智的行为。美国谈判大师戴蒙德（Stuart Diamond）研究发现：在相同的条件下，如果你威胁对方的话，达成协议的成功率，只有不威胁的一半而已。

不过，把选择权完全交给对方，也不一定总是合适的。特别是在需要给对方施加压力的场景里，更是要让对方意识到，自己并不能为所欲为。

比如说，很多人以为杀价就是靠威胁或是撒娇，其实这些方法不是太硬就是太软，前者不给选择权，后者给了太多的选择权，都没有戳中老板的痛点。

"你不卖便宜点，那我就走了！"这种威胁虽然偶尔会奏效，但更多时候，老板才懒得理你。也有人杀价是拼命撒娇："老板，你行行好，便宜点吧！"老板心情好的时候也许会考虑，不过通常也是无动于衷。

这些说法之所以会失败，其实是因为说话中的"甜咸比"不对。甜咸比是食品业的一个术语，也就是甜味跟咸味的搭配比例，要恰到好处，不然就不好吃。说话的时候，也要讲究甜咸比，说话要软硬适当、柔中带刚。

"你不卖便宜点，那我就要走了！"这就攻击性太强，太咸了，人家吃不下去；反过来说，"老板，求你卖给我便宜点嘛！"这又太软、太甜了，人家为什么一定要答应你？

关于杀价中的甜咸比具体应该怎么说，戴蒙德在谈判的时候有一个秘诀，就是前面提到的这句话："我确实很喜欢这件，很想在你家买，不过有一些店卖得更便宜，让我很犹豫，该怎么办呢？"

这句话有三个意思：（1）明确表示赞美（我喜欢这件）；（2）暗示负面因素（别家更便宜）；（3）以求助的方式施加压力（你说该怎么办）。

所以说，像"我喜欢这件，可是别家更便宜"的说法，就是有甜有咸，甜咸比例均衡。一方面有一点甜，告诉商家"我很想在你家买"，表达了你的善意跟喜爱；可是另一方面，也有一点咸，也就是"还有其他店，让我很犹豫"。

特别是，最后你又客客气气地把球踢给对方："你觉得我该怎么办呢？"看起来像是求助，其实是在施加压力。而对方如果此时让步，说一句"难得你这么有眼光，喜欢我们家的东西，那就算你便宜点好咯"，也会显得像是顺水人情，而不是受到威迫之后的被逼无奈。

总之，该讲的话都讲到位，同样也给了对方台阶下，这就是恰如其分的"甜咸比"的好处。下次砍价时，别忘了掌握这个甜咸比的秘诀，提高成功率。当然，你也不用一字不漏全背下来，只要掌握这段话的精髓，就叫作："你有机会……但可惜……"你也可以用自己的方式来表达这个意思，活学活用。

✦▪ 延伸思考

1. 甜咸比里的"甜"，不是只要嘴巴甜，不管怎样说他好话都没错。甜咸比的甜，必须强调的是你的意愿、你的喜爱、你的心情，而不是真的具体到去称赞产品有某种优点。

所以你可以说："我特别喜欢你们""在你们这儿买东西比较愉快""跟你们做生意比较舒服"。但是，不要轻易称赞对方的产品好。比如，你说"你们家衣服的料子真是特别好，不过其他店卖得更便宜，该怎么办呢？"这就是错误的用法，因为你既然明知他们家的料子好，那也应该知道为什么会比较贵，又有什么好讨价还价的呢？所以，称赞产品，反而会有反效果。

2. 这种说话技术，不只适用于砍价。在任何需要"斗而不破"（也就是既需要给对方施加压力，又不希望彻底谈崩）的场合，都可以使用这个原则。比如，伴侣之间想给对方提意见的时候，往往会觉得说轻了没用，说重了又伤感情。这时候你就可以使用"甜咸比"的说话技巧，做出类似这样的表达："我真的很喜欢跟你相处，不过×××实在让我很不舒服，你说，该怎么办呢？"

3. 就算你充分运用了"甜咸比"的原则，也不能百分之百保证有效。比如商家可能会想："你说有更便宜的地方，那你去他们家买呀！"伴侣也可能会觉得："既然喜欢跟我相处，那有什么看不惯的地方，就忍着呗！"但是"甜咸比"适当的话语，还有一个额外的好处：温和，把选择权交还给对方。当我们用"你觉得呢？""你说我该怎么办呢？"结尾的时候，极少有人会无礼地直接回绝你。

减砝码的话术

人不愿意做新的尝试，
往往都是因为尝试的成本太大。

○· 可能遇到的问题

有时想约同事出去吃饭，同事却一直婉拒，我该怎么说才能让他答应呢？

常见的说法："来吧来吧！今晚的饭局可有意思了，有好多有趣的人可以聊天，吃完饭还可以接着去喝一杯，特别棒！"

更好的说法："今晚有个饭局，有空的话不妨去坐坐？去打个招呼也好，有事的话，早点走也没关系啊！"

?· 为什么要这样说

当我们想请对方参与一件事的时候，常见的误区，是把这件事说得太完美、太诱人，以致让对方产生压力。

以饭局邀约为例，有些人之所以会拒绝，不是因为他对聚会不感兴趣，而是他担心只要一答应去吃饭，整个晚上就都会困在聚会里无法脱身。所以，你许诺的是高朋满座、欢声笑语，对方想到的可能是"太多人要应酬""可能会拖得比较晚""早走会不会让大家很扫兴"

等一系列的问题。

当我们试图迈出第一步的时候，心里想的往往都不是收益，而是这次尝试的成本。此时，你煞有介事地强调对这件事的期待，就等于在对方心里增加了砝码。压力越大，主控权越低，对方反而越不敢尝试。

但如果你可以减轻他的压力，让主控权掌握在他的手上，他就会比较愿意尝试了。比如，你可以轻描淡写地说："今晚有个饭局，都是些特别有意思的朋友，没什么事的话，一起来坐坐？"看到对方犹豫，还可以补一句："你要是怕回家太晚就早点走，大家都很随意的，完全没关系。"

而只要对方迈出了第一步，也就是答应你"去坐坐"，这个时候你反而就可以开始讲这个饭局是多么精彩，让对方有所期待。因为前面已经预设了他可以随时离开，减轻了这个砝码之后，剩下的事情就好办了。

再举个例子，如果是想要劝子女去相亲，减砝码也会比加砝码更有效果。如果你跟孩子说："这个对象很难得，是你张阿姨努力帮你约来的！"或是"你二叔为了你的事，花了好大力气，你不去看看怎么行？"这些加砝码的话只会让子女觉得压力好大，觉得长辈把这次相亲说得像是千载难逢的机会一样，到时候如果跟对方话不投机，还要陪着笑好几个小时……因此，子女会觉得多一事不如少一事，还是拒绝这次相亲为好。

但是，如果你是用减砝码的话术，感觉就完全不一样了。比如你可以说："就去看一眼，聊几句，如果真的不喜欢，那你就随便找个理由走人，没关系，剩下的爸妈帮你处理好，不用有压力！"儿女听了就会觉得放心很多——既然可以提早离开，那就算话不投机也没关系，不如就试试看吧！

同样的道理，也可以用在约会邀请上。很多人，特别是女孩子，会觉得单独跟男生出来约会，是一件很重大的事，这也是她们通常会本能地拒绝邀约的原因。可是，如果你一开始就给对方"毫不尴尬地随时中止"的权利，对方接受你的邀约就会容易得多。

比如，你体会一下这种说法："有空一起吃个饭？如果中途你觉得不想聊了，没关系，我在吃到一半的时候会找机会去洗手间，你想走的话，趁那个时候直接走，我留下来结账就好，大家都不尴尬。"

这样说，就相当于把"至少要吃完这顿饭"，变成了"最坏的情况，也不过是浪费吃半顿饭的时间"。这样，对方心里的砝码就已经减去了一半，那么她答应接受邀约的成功率就会大大提升，因为女生会觉得，既然不喜欢就可以直接走，那又为什么一定要拒绝呢？这就是这种说法的高明之处。

＋▪ 延伸思考

在选择使用"加砝码"还是"减砝码"的说法时，是分人、分阶段的。如果对方是个乐于尝试新事物的人，那你一开始就要加砝码，把这件事情的好处说到位。不过，如果对方有顾虑，那你反而要使用"减砝码"的说法，尽量云淡风轻，让对方迈出第一步再说。

想让对方答应你，就先让他拒绝你

面对一个正当、
善良的诉求，
很少有人能够连续拒绝两次。

○ · 可能遇到的问题

我当志愿者跟人募款时，常常被拒绝，我该怎么说才能提高募款的成功率呢？

常见的说法："请问，您愿意为了我们的儿童慈善基金，捐十块钱吗？"

更好的说法："请问，您愿意为了我们的儿童慈善基金，捐劲一百块钱吗？不方便的话，没关系，就算是十块钱，也很有帮助哦！"

? · 为什么要这样说

如果你提出的是一个"不情之请"，一个对方完全有理由拒绝你的请求，那么，不要把你真正的要求放在第一个问。你可以比咬一下以上两种说法的区别，"常见的说法"是直接提出要求，而"更好的说法"则是先提出一个你不太可能同意的要求，让你拒绝之后再提出第二个真正的请求。这样一来，你出于歉疚，也就比较容易接受请求了。

美国曾经有这样一项调查，研究者在校园里询问大学生："你好，我们这边有一项针对少年犯罪者的辅导计划，请问你愿不愿意担任志愿者，在周末的时候，带那些误入歧途的少年去动物园或游乐场玩一天呢？"结果，83% 的受访者直接就拒绝了。

　　于是他们换了一下问法，先问那些大学生："我们有一项针对少年犯罪者的辅导计划，你是否愿意担任志愿者，为那些误入歧途的少年辅导课业，一周两小时，连续两年？"

　　显然，这个要求让几乎所有的受访者都会拒绝，因为实在是太难为人了。但是，他们又进一步问对方："没关系，那你愿不愿意担任志愿者，在周末时带他们去动物园或游乐场玩一天呢？"

　　一模一样的要求，一样是大学生，只不过是换了一个问法，居然就有 50% 的同学，愿意带这些少年去动物园了。从原本的 83% 拒绝，到后来的 50% 答应，这中间的改变，是所有说服大师都梦寐以求的结果。

　　这种提要求的技巧会有如此惊人效果的原因是：一、后者看起来感觉门槛低了很多；二、你刚刚才拒绝了对方，心里其实总是会有一点过意不去的。所以当第二次，对方把要求突然降了下来，然后再问一次，你多少会希望能有个补偿的机会。

　　毕竟，面对一个正当、善良的诉求，你如果连续拒绝两次，就会感到歉疚，也会担心"如果我做得太过分，对方会怎么看我"，这就是说服成功率大幅上升的原因。

＋▪ 延伸思考

　　在日常生活中，这种"提要求前先让对方拒绝你一次"的策略，也很实用。举个例子，如果你想跟朋友借钱，直接开口要五千元对方可能会说不方便，可是如果你继续问："那五百元可以吗？'对方要再想拒绝，就要承担比较大的心理压力了。

但请注意，在前面的案例中，无论是募款，还是去当志愿者，都必须强调是正当的理由，并不是"漫天要价，就地还钱"的市井伎俩。你不能有意开出一个对方不可能接受的条件，然后再通过"降价"的方式吸引对方接受。因为一旦被人识破，不但目的不能达到，还会破坏自己的形象。

比如你想约女生吃饭，可以说："能请你吃顿饭吗？如果不行的话，找地方喝点东西？"但是如果你说："请问你愿意跟我交往吗？不愿意的话，先一起吃顿饭吧？"这显然是行不通的，因为你这种要求，完全是出于私利，对方要拒绝你，心里是不会有压力的。

第二节

信任是影响力的垫脚石

与"说什么"相比，我们往往更在意"是谁说"。因为说话者的可信程度，决定了我们接受信息时的基本态度。所以，想要把话说到别人心坎上，你就先得注意建立自己的可信形象。

销售员常用的三个"F"

你可以挑战对方的常识、经验、品位……
但就是不要去挑战对方的感受。

○·可能遇到的问题

我在健身房工作，在跟客户推销的时候，常常被人问："会费每个月一千元，怎么这么贵？"遇到这种问题，我总是努力辩解说，按照我们健身房的设备以及我本人的资历和水平，这个价格已经很公道了，但还是被很多客户嫌贵。我该怎么说，才能说服这些人，我的服务是值这个价的呢？

常见的说法："这真的不算贵，一个月一千元，其实平均起来，每天也才三十几块，我们用这一点小钱，为健康做投资，是绝对值得的！"

更好的说法："嗯，你说得对，这个价格还真的不便宜。老实说，如果是我，可能也觉得咬咬牙才消费得起。不过一分钱一分货，以我们的服务标准，绝对值这个价。不信您可以试试？"

?·为什么要这样说

很多时候，你的话之所以不能说服对方，是因为对方觉得你根本没能体会他的难处。最常见的错误，就是"否认对方的感受"——对方觉得贵，你说其实不算贵；对方觉得麻烦，你说其实不麻烦。这都是在指责对方："你不该有这种感觉。"

而这种潜台词，会让你站在对方的对立面。一旦对方觉得你并不了解他，只会否定他，那对他来说，你不管讲什么话，都是站着说话不腰疼，他又怎么会听得进去呢？

所以，要更好地说服对方，让对方相信你的话，你需要知道一个小技巧：销售员常用的三个"F"。

第一个 F，是"Feel"，"感觉"的意思。也就是说，要改变对方，你不能急于否定，反而得先承认"对方的感觉是真的"，主动向他靠近一步。这会降低对方的防卫心理，让他觉得你是有诚意要跟他沟通的。

第二个 F，是"Felt"，"感觉过"的意思。说完对方的感觉是真的，要再往前走一步，说你"体验过同样的感觉"，让对方相信你跟他在同一条船上，这样你跟他的关系就会更近一步了。

第三个 F，是"Found"，"发现"的意思。当对方开始信任你，觉得你跟他站在同一边，是真心了解他的感受的，这时候你再话锋一转，去谈你现在发现的新感受、新体会，对方也就容易被你说动了。

以上这三个"F"的步骤，最妙的地方就在于，它会让你的话听上去不像在说教，而是一个有共同经历的过来人，在分享自己的经验。后者的说服力，是远远高过前者的。

一个老到的销售人员，在顾客提出质疑的时候，是从来不会直接否定其说法的。比如说，房地产中介在跟购房者介绍楼盘的时候，刚入职的地产经理人可能会试图让顾客觉得房价没那么贵，常见的说法是："这个价位真的不贵，现在的房价都是这样。"

而有经验的地产中介则不会否定顾客的感受，相反地，他们会先表示现在的房价确实是太高了，然后分享自己对高房价的抱怨，甚至跟顾客吐吐苦水："天天带人看房子，可是自己却买不起。"传递出"我跟你有过共同的经历"的感觉，最后才把话题引到"买房子，还得是一分钱一分货"的上面。

+ · 延伸思考

　　三个"F"的说服技巧，还可以帮你安抚他人的情绪，劝说他人改变心意。例如，面对惧怕考试的孩子，父母通常会说："不用怕，考试有什么好怕的？又不会少块肉！"这种说法是典型的在否认对方的感觉，这是单纯地在说教。

　　用 Feel、Felt、Found 的说法会是："我知道，考试真的很让人担心。我以前也当过学生，也很害怕考试。但是后来我发现，考试终究也都是老师讲的那些东西，只要平时用心，那就没什么可怕的了。"

你说有缺陷，我却更想要

比起一个完美的东西，
人更想要一个"我需要"的东西。

○ · 可能遇到的问题

我是一个化妆品专柜的销售，虽然我对产品的优点了如指掌，而且介绍得也还算流利，但业绩还是不太好。我还能如何精进我的推销技巧呢？

常见的说法："您想要了解点什么？想要美白啊？那这款面膜太适合你了！它的美白效果超级好，就算是只想保湿它也很适合啊！"

更好的说法："您看重哪方面的功能？是想要美白还是保湿呢？如果您是想保湿，那我不推荐这一款，它的保湿效果一般般而已；但是，如果您是想美白的话，那它的美白效果超级好！您肯定会很喜欢！"

? · 为什么要这样说

别人会对你的推荐打折扣，主要有两个理由：第一，觉得你的推荐不真诚。一旦对方觉得你抱有私心，就很容易怀疑你夸大其词、刻意隐瞒。尤其是对销售人员来说，对方的这种防卫心态，就是许多案例不能成交的一个重要原因。

　　第二，对方感受不到这个事物特别适合他。确实，一件事物可以在"客观上"很优秀，但通常而言，只要对方"主观上"没有感觉它特别适合自己，你的推荐就会无疾而终，也就是既不会遭到强烈反对，也不能得到真心认同。

　　所以，与其把你推荐的东西夸得天花乱坠没有死角的好，可以满足所有需求，倒不如通过"自曝其短"的方式，让你的推荐显得真诚并且真实。

　　美国的销售大师哈里 · J. 弗莱德曼（Harry J. Friedman）分享过他的销售秘技，就是先主动承认自己的产品有缺陷，这样一来，对方就会觉得这个人很实在，并不是为了卖东西不择手段。只要对方有这种"他这人很可靠，他的推荐很真诚"的印象，弗莱德曼接下来推荐什么，就都无往不利了。

　　从弗莱德曼的经验里，可以提炼出一个很有用的说话原则，那就是先否定再肯定。下次给别人做推荐的时候你可以试试这样说："如果你想要的是 ×××，那就不太适合你，但是如果你想要的是×××，那就一定得选这个！"这样说，会让对方感受到你的诚恳，还会觉得你很体贴，有针对他的需求去推荐东西。

　　人是很有趣的，比起一个"全效型"的产品，我们通常更喜欢"特点型"的产品。比起一个"什么都好"的东西，我们通常更倾向于选择"更符合我需求"的东西。因为我们本能地相信，"全面"必须意味着每个特点都不够突出。这也就是为什么，聪明的店家都会使用一个小技巧——差不多的两款护肤品，他们会把一款放到美白专区，另一款放到保湿专区。即使两款的功效差别不大，但商家就是要故意营造一种区别感。有不同需求的人，就都会觉得能找到最适合自己的产品。

销售的道理，用在其他想要推荐的场合也行得通。比如你要推荐一部剧，与其讲它是如何精彩，跟对方保证他一定会喜欢，不如说这部剧特别符合对方的口味。你可以说："这部剧超级好看，虽然可能有人会觉得节奏比较慢，但是我知道你最喜欢这种细腻的风格，以及那种完美还原史实的精心制作，所以我相信，你看了肯定会特别喜欢！"

✚ · 延伸思考

缺点和特点，只有一线之隔；特点和优点，更是一体两面。如果别人眼中的缺点，正是你眼中的优点，那你就会更加中意这个对象。就好比笔记本电脑用户通常都讨厌"笨重"，但是在追求极致性能的游戏玩家看来，"有质感"，反倒是性能的象征。

所以，想让人接受你推荐的东西，与其无的放矢、漫无边际地彰显优点，倒不如承认它有缺陷，只是这个缺陷正好符合另外一方面的需求，所以反过来说也可以是一种优点。转过这么一道弯的优点，才是最容易被人接受的优点。

当然，这个话术的本义不是要强调这些缺点，刻意贬低自己推荐的东西，而是要把重点放在"不合适"上，也就是纯粹的"需求不符"。只要按照"缺点很可能是另一方面的优点"这个思路去想问题，人人都能成为金牌推销员。

我不是站在你对面，而是站在你的旁边

一旦对方觉得你懂他，
你说的话就是他想听的话。

○·可能遇到的问题

我是一个保险业务员，在卖保险时常常刚开口介绍自己就被打断、被拒绝，我该怎么说可以让客户更愿意听呢？

常见的说法："您好，我是 ×× 的保险业务员，耽误您一点时间，跟您介绍一下我们公司的保险业务……"

更好的说法："您好，我是 ×× 的保险业务员。我猜，您一定接过很多类似的保险推销电话，我也知道，一般人都会觉得很烦，不过呢……"

?·为什么要这样说

跟别人介绍某样事物的时候，有时会遇到一个问题，就是对方已经听过无数次类似的推销了，如果想让对方对你要说的话依然感兴趣，实在是很困难。

所以，要想让别人愿意听你继续介绍，你得先引起他的注意，让他对你接下来要说的话产生好奇。具体的操作方法，可以使用"我猜您一定听过很多……不过呢……"这个技巧。

以推销保险为例，如果保险推销员一上来就开始介绍保险，大多数人会觉得"又来了，真没意思"。因为人们已经听过很多次类似的推销了，而这时候你是站在他的对立面。

但是，如果你的开场白用的是："我猜，您一定接过非常多类似的保险推销电话，我也知道，一般人都会觉得很烦。不过呢……"这样给人的感觉就不一样了。

这样的开头会让对方有兴趣继续听下去，因为你说出了对方曾经历过的事情，说出了对方的感受——这就会让对方觉得，你不是站在他的对面，而是站在他的身边。

而且，除了顾及他的立场、体谅他的心情之外，这种开场白还会让人产生一种好奇：既然你已经知道我听过很多次推销了，而且也知道这会让人很不耐烦，你还要跟我讲，看来接下来你要讲的，也许真会有什么不一样吧？

而这个时候，其实你已经吸引了他的注意力，完成了关键性的一步。当然，也许你后面讲的内容跟别人是一样的，不过也没关系，至少你的开头已经成功吸引到对方的注意了。

还是拿卖保险这件事来说，保险产品同时具备"商品"和"保障"两种属性。用前一个视角看，对方会觉得你就是想赚钱，想靠他拿提成，所以是不值得信任的；可是从后一个视角看，对方会觉得你是在为他的未来着想，是在帮他进行长远的规划。不信你设想一下，"要买份保险让家人安心"这句话，从陌生的保险经济人嘴里说出来，和从朋友嘴里说出来，感觉有多不一样？

所以，成功的保险经纪人都有一种独特的魅力，就是让客户觉得"这个人跟别的推销员不一样，他是真正为我着想的"。而其中的奥秘就在于他们说话的方式，会给人一种"我跟你站在同一边，一起吐槽其他那些很烦人的推销员"的感觉。而"我猜您一定听过很多……不过呢……"这个开场白，就可以很好地营造这种效果。

　　总结一下这句话的两个目的：（1）让对方产生好奇，吸引他的注意；（2）调整你的位置，你不再是站在对方的对立面，而是站在他的旁边。

✚ · 延伸思考

　　除了推销的场合，在日常的人际交往中，都可以使用这个说话技巧，让对方感到你跟他是站在同一边的，从而增加对你的信任度。

　　比如，跟老板汇报提案的时候，你可以在一开始就说出老板的顾虑，来获取他对你更多的信任。举例来说，假如你的老板是个特别抠的人，最在意的永远是预算，那你就可以这样开场："我猜，您现在主要顾虑的是预算从哪里来，不过您先别急，等一下我就介绍给您听……"

　　当你一上来就点破老板的顾虑，那他就可以专心听你讲后面的内容，不然老板会一边听你汇报，一边在心里嘀咕："那钱呢？钱从哪儿来？"你可能就是白讲了。

话说八分满

有时，
你把事情形容得太好，
别人反而会怀疑你是不是在夸大其词。

◯ · 可能遇到的问题

在日常生活中或是工作上，遇到别人来询问我的意见和看法的时候，怎么说可以让自己的评论更有权威性、可信度？比如，有人来问我对于某本小说的看法，我该怎么说，才能让我的评论显得更可靠呢？

常见的说法："他的小说写得太精彩了！绝对是我看过的最强的作家！"

更好的说法："他的小说，我只看过其中两本，别的我不敢说，但就这两本来说，我觉得他是同类作家里的佼佼者！"

? · 为什么要这样说

很多人都以为，表达对其他事物的评价和看法的时候，如果你说的话表现出了十足的信心，应该会比八分的信心更可信。其实恰好相反，人的心态是很微妙的，当你把话说得太绝对的时候，对方反而会怀疑你是不是在夸大其词、不够中肯。如果想让自己的评论更有权威性、可信度，你可以使用"话说八分满"的小诀窍。

以"对某本小说的看法"为例，错误的说法就是毫无保留、完全没有打折的空间，把话说到十分满。而正确的说法就是有所保留，只把话说到八分满，表示你的评论是有前提条件的，留下一些余地。

美国的消费者行为学者卡玛卡（Uma Karmarkar）曾经做过一个调查：让不同的美食家针对同一家餐厅做评论，而且都是正面评论，看看消费者到底会更听信哪一种评论。

结果发现，比起有绝对自信的评论，反而是语带保留、话说八分满的评论，更有说服力、更能取得消费者的信任。

比如，你直接说："这家餐厅的烤鱼绝对是四颗星！"这种说法就比不上说："这家餐厅我只去过一次，不知道它的品质是不是一直都稳定，但就我那次的经验来说，它家的烤鱼应该有四颗星。"

这样讲话，不仅会让你的评论更可靠，同时也可以帮你避免很多冲突。毕竟，你的评论不可能都只说好话，多少也会有负面评论。此时话说太满，就容易得罪人。比方说，如果你批评说："这部电影真的很难看！"很可能你的朋友就很喜欢这部电影，尴尬就在所难免了。

但是，如果你说得保守一点："可能是我自己的审美问题，不太喜欢这部电影的叙事风格。"这样讲，对方就算跟你意见不同，也因为你的话留有余地，把负评限定在"叙事风格"这个有限的范围之内，表明大家只是喜好不同，也就没什么好争的。

这个技巧，不只可以用于评价客观事物，也可以用于推荐人。举例来说，你的公司要推举专案的负责人，你想推荐某个同事，但又怕他以后表现不如预期，到时候反而搞得自己责任很大，对大家不好意思。

这时候，你就可以说："虽然我跟他合作的次数不算多，但在那几次经验中，他都表现得很有领导力，如果他这次也能发挥同样的实力，我觉得他就非常适合这个工作！"这样一来，不仅听起来中肯，对方工作如果效果不佳，那你的压力也不用这么大，毕竟是因为他的表现不如以往了，而不是你的推荐夸大其词。

总之，用自己的经验，作为评论的基础，主动限定评价的适用范围。这样做，既可以避免自己承担无限的责任，也可以增加你这番话的可信度，更能让别人觉得你是个靠谱的人，可谓一举三得。

＋·延伸思考

一个评论能够有权威性、可信度，并不是因为这个评论不可能有错，而是如果它有错误的地方、不精准的地方，要恰如其分地说清自己的依据是什么、是在什么意义上讲的，针对什么具体问题，有什么样的适用范围和限度，这样才能让你的评价具有权威性和可信度。

细节的想象，让行为落地

单是动机，聊一万年，也聊不成行动。

○ · 可能遇到的问题

领导或同事们常喊着要一起聚餐，结果喊了大半年也没成，怎么做才能落实这个聚餐的提议呢？

常见的说法："大家说好要聚餐的，可不许赖皮啊！"

更好的说法："大家要聚餐的话，这周末或者下周末什么时候比较方便？想去哪种类型的餐厅？"

? · 为什么要这样说

很多事情不去行动，就是停留在"动机的愉悦"中。比如，谁都知道减肥对身体好，聚餐可以增进感情，然而，单是动机，聊一万年，也聊不成行动。

每个人多少都会有这种经验，有人说要一起看电影，有人说改天请你吃饭，可是后来往往就不了了之，让人很失望。这时候，你就可以使用"细节的想象"这个技巧，让这些"随口说说"的事，落实成实际行动。

以"公司聚餐"为例，大家说起聚餐时，你就可以用闲聊的语气问起"那我们吃什么？"可能这时有人就接了"吃日料吧"，也可能有人说"吃火锅吧"。这时你还可以继续追问："去哪一家？哪一天吃？"在这些闲聊中，就会让本来只是"随口聊聊"的想法，越聊越具体。

当然，你这么问，并不意味着这些细节要马上敲定，因为你不是老板，没有权利直接做出决定。但你完全可以以一个普通员工的身份和大家商量："吃日料的话，大家推荐哪一家？上次聚会那家很不错哦，还是再试试别的？"

而这个追问的过程，就给大家一个暗示——我们真的要做这件事了。

甚至，你不只可以问"吃什么"，还可以具体到"哪一道菜"。比如你可以说："我推荐去吃冰烧三层肉，去年聚会那家，比广州本地的还好吃！上次没吃到非常遗憾，这次我们要订两大盘！"

这样一来，听的人就会开始想象"冰烧三层肉"的味道，口水都快流下来了。很快地，你订餐厅我报菜单，想法慢慢地就向现实更近了一步。

这就是让人"说到做到"的技巧——在话语中，引发对方对细节的想象。具体的说法是：你打算什么时候，具体怎样做这件事。

总之，当你想推动一件事情落实的时候，不要让人去想"做不做"，而是要让人去想"如果做这件事，会有怎样的细节"。对细节的想象，可以帮助落实一件事。在讨论细节的过程中，人们好像立刻就"参与"了进去，那么这件事就不再遥不可及，而是一下子拉到了我们面前。

✚·延伸思考

不要以为这招只适用于引诱人吃东西，在增强自律，例如让人节食方面，"想象细节"，也仍然是一种成功的思维引导话术。

比如说，你的朋友想减肥，却总是停留在嘴上说说，这个时候如果你只讲"控制饮食"是没用的，倒不如直接问他："那你晚上想吃什么？"这样一来，"控制饮食"就从一项空洞的原则，变成了具体的细节。而只要他开始认真想象，一个节食者的菜谱应该是什么样的，晚上真正做到节食的可能性，就会比较高。

当然，在这里，发问的那一方并不是在用更高的话语权力，来迫使对方行动，而是通过讨论让对方进入对细节的想象，让他觉得真的要去做这件事了，接下来落实到行动才会比较容易。

第三节

引导他人思考的六种策略

观点的差异，通常都是由于思路不同。想要改变他人的想法，就要注意理解对方是怎么想问题的，并且善于将别人引导到你所预设的思路上来。

反向激将法

绝大多数人，
都是被奖励推着走，被惩罚逼着退。

○ · 可能遇到的问题

我孩子回家就一直看电视、刷手机，拖到很晚才随便做一做功课，我要怎么说，才能让孩子好好做功课呢？

常见的说法："隔壁的 × × 是不是又考了第一名？我听说他每天回家，第一件事就是把功课写完，他这么优秀，你能不能多学学人家啊？"

更好的说法："你是不是有个同学叫 × ×？家长会上，他妈妈抱怨了好久，说他作业都乱写一通，让他妈妈这么操心，实在是太不应该了。幸好你不一样，玩归玩，至少还会把功课好好完成，让我不用那么担心，对不对？"

? · 为什么要这样说

很多人在敦促别人做事的时候，都会使用"激将法"，也就是通过批评目标对象，或者称赞他的对手，激发其羞愧感，使其为了避免愧疚而奋发努力，但这其实是一个误区。

最典型的例子是，小时候父母经常把我们跟"别人家的孩子"比较，有时被贬得一文不值。你的父母可能误以为，既然是亲近的人，说话就可以更严厉更直接，"反正我是为你好"，但是作为小孩，最常见的反应就是"别人家的孩子那么优秀，那你找他去啊！"

因此，在日常生活中使用激将法，往往都是错误的，因为"激将法"从根本上来说是一种惩罚，而惩罚一定会带来极强的挫败感。尤其是亲近的人这样做，我们会感到特别受挫，甚至觉得被背叛。

不是所有人都能在遇到这样的挫败时，仍能毫不退缩地勇往直前。绝大多数普通人，都是被奖励推着走，被惩罚逼着退。所以，想要激励别人，可以多用奖励的办法。

而且进一步说，把惩罚变成奖励，其实是非常简单的事情。你只需要反向使用激将法，也就是通过贬低其他人，抬高目标对象的自尊感。这里有个关键的说法：幸好你不一样。

比如前面提到的要激励小孩做作业，你的说法应该是：有很多不乖的孩子，但是"幸好你不一样"，最后还可以加上一问"对不对"等待对方的确认。在这种情况下，实际上不论对方乖不乖，几乎没人会回答"不对"。而只要对方跟你确认，他就是你所说的那么好的人，那就相当于建立起了他在这方面的自尊。接下来，他就有维护这种自尊的动力了。

再举个例子，伴侣之间经常会有一方希望另一方能做出一些改变，假设女生希望男生能多陪陪自己，很多时候女生会直接提出要求，并且称赞目标对象的对手。通常的讲法是："人家 ×× 的男朋友经常带她出去玩！你呢？你的世界里只有打游戏！"

而更好的说法应该是："我听说，×× 一点都不在意女朋友的感受，一天到晚都在跟各路狐朋狗友厮混，完全不留时间给他女朋友，幸好你不一样。我的闺密都说你是个很体贴的男朋友，我做什么你都会陪我的，对不对？"

所以，这两种话术的差异是，"反向激将法"是靠赞美目标对象，贬低他的对手，来激发目标对象的自豪感，让他为了"维护自豪"而努力。这样既能维护你们双方的感情，又能让对方产生由内而外的驱动力。

＋・延伸思考

"反向激将法"的前提是，任何人都有自尊，并且希望维护这种自尊。那么，有没有人从根本上就缺乏自尊呢？

首先，大多数人是不会这样的，而且一般来说，显得在某些方面"没皮没脸"、缺乏自尊的人，往往只是希望通过这种嬉皮笑脸的态度，掩饰自己内心的虚弱——也就是说，这可能恰恰是他维护自尊的一种方式。这里的逻辑类似于"我已经先躺下了，所以你们不可能打倒我"。可是你想想，会这样做的人，岂不是从心理上已经承认了自己非常害怕被打倒？而这一点，正是他的自尊所在。

其次，即使一个人在某个方面真的缺乏自尊，如果你想催促他改变，也不是通过进一步的刺激和压力，而是先要帮助他建立自尊，然后再做改变。

正面检验策略

如果想让别人往好处想，
那就往好的方向问。

○·可能遇到的问题

我是一个化妆品销售员，客人选购时，常常露出犹豫不决的样子，我要怎么说，才能推客人一把，让他想要买我的产品呢？

常见的说法："您是不喜欢这支唇膏的哪方面呢？是觉得颜色不适合，还是觉得不显色？"

更好的说法："请问您比较喜欢这支唇膏的哪一方面呢？"

?·为什么要这样说

购物的时候会犹豫，就是因为客人选购时，发现有喜欢的一面，但也有缺点的一面，要推他一把，就要引导他往喜欢的一面去思考。

通常，一件事同时会有好的一面，也有坏的一面。聪明的人，就会利用这一点，用言语引导对方，让对方多关注特定的一面，进而影响对方对某件事的评价，这在心理学上被称为"正面检验策略"（Positive test strategy）。

正面检验策略是人的一种心理惯性，简单来说，当你问对方对一件事的看法时，他会倾向于根据你的提问方向，从过去的印象中尝试寻找能够符合的地方。

比如说，如果你问对方："你是一个独立的人吗？"他就会去回忆自己做过哪些独立的事情，进而证明自己是个独立的人。可是如果相反，你问的是"你是个喜欢团队协作的人吗？"他就比较容易去回想那些与人合作的事例。

美国的心理学家罗伯特·B.西奥迪尼（Robert B.Cialdini）根据这个理论做过一个实验。对第一组受访者提问："你上个周末是不是不开心？"对另一组受访者提问："你上个周末是不是很开心？"结果是，被问到"是不是不开心"的组别，比起被问到"是不是很开心"的那一组，回答"对！我就是不开心"的比例，高了将近四倍。而事实上，这两组人的生活状况是差不多的，并没有多少幸福程度的差异。

所以，如果你希望强化对方好的印象，你就要朝好的方向去提问，让他往正面的方向去联想。

以推销产品为例，假如客人试用完唇膏，犹豫不决时，你该怎么强化他对产品的印象呢？很多人会急忙问："您是不喜欢这支唇膏的哪方面呢？是觉得颜色不适合，还是觉得不显色？"这个提问方向，就是"哪里不喜欢"，会引导对方去想负面的地方。接下来，客人很可能就会开始抱怨："唉，这支唇膏的显色度似乎不是很好！""虽然颜色挺美，但跟我的肤色不是太搭……"而到了这个时候，你基本上已经无力回天了。

所以，如果你想加强对方对于产品好的印象，你可以利用"正面检验策略"的技巧，这么说："请问，您比较中意这支唇膏哪一点呢？"这个提问方向就是"喜欢哪里"，会引导客人去想正面的地方。

他可能会想:"我挺喜欢这款的包装设计,蛮体面的""看起来很有气质"之类。这时候你如果再敲敲边鼓说:"对,这包装是今年春季的樱花限量款,光拿出来补妆都很有面子呢。"这个买卖差不多就谈成了。

+ ▪ 延伸思考

这种技巧不光可以用来推销商品,鼓励别人正面思考的时候也很有用。以鼓励孩子为例,身为父母,希望能让孩子对学校有个好印象,你也可以问问孩子:"你在学校,最喜欢哪堂课?为什么呢?""喜欢和哪个同学一块儿玩?""今天学校有没有发生什么好玩的事?"像这种提问的方式,相比于"学校好不好玩""同学对你好不好"之类的提问,更能培养小孩的乐观心态。

反过来,如果你想让别人宣泄他的不满或委屈,也可以试试反向操作,诱导对方主动说出负面的情绪。例如,你的伴侣平时工作压力大,下班回家后,你就可以问问他:"今天公司里有没有发生什么烦心事?""最近手上的案子是不是很麻烦啊?"相较于"今天过得怎么样"这种提问,对方会更乐意跟你倒苦水,心情也会舒展很多。

总之,你可以根据目的的不同,来决定要正向或是反向操作这种"正面检验策略"。如果想让别人往好处想,那就往好的方向问,如果想让他宣泄情绪或不满,那就往坏的方向问。

里根总统的推销技巧

比起别人的结论，
人更相信自己的答案。

○· 可能遇到的问题

无论是给客户推销方案，还是给朋友出谋划策，他们总是对我的建议持怀疑态度。比如，我看闺密的皮肤状况不太好，就建议她要及时保养，可是她却觉得我是小题大做。怎么说才能让别人认同我呢？

常见的说法："你的皮肤很干燥，毛孔也有点粗大，再不好好保养，等老了就来不及了。"

更好的说法："跟前几年相比，你觉得你的皮肤变得更好了吗？"

?· 为什么要这样说

我们在提建议的时候，往往是直接给出我们的结论。可是，一般人听到别人下定的结论，都会本能地有一丝怀疑。所以，比起直接给对方结论，不如丢出问题，引导他自己去找出答案。毕竟，比起别人的结论，你也会更相信自己的答案。

在引导别人自己思考得出结论这方面，曾任美国总统的里根做得尤其出色。1980 年，里根以共和党候选人的身份参加了总统竞选，他要和民主党时任总统卡特进行电视辩论比赛。以下有两种说话，你可以比较一下哪一种更好。

第一种，里根说："各位，美国现在糟透了，经济不景气，我们过得比四年前更差劲。如果你不想让一切继续下去，请把票投给我！"这听起来似乎没什么问题，但也没什么亮点。这些话不过是美国总统选举中很常见的政治人物互相攻击而已。

尤其是里根说到"我们过得比四年前更糟了"，这很容易会让选民有一种莫名的警戒感，选民会觉得真的是这样吗？这是不是一种竞选的套路？你是不是在危言耸听？

而第二种，也是里根当年在进行电视辩论时的说法："各位，你过得比四年前更好吗？你觉得经济比四年前改善了吗？如果答案是肯定的，那你投给民主党吧；如果答案是否定的话，那你还有其他选择。"

有没有感觉到，这段话的效果很不一样呢？里根问选民"你过得比四年前更好吗"，他没有给出结论，而是提出问题，并让选民自己找答案。而且，这么说比直接对民主党发起攻击，听起来也更有风度。

不过，你是不是有一个小疑问：万一大家觉得，现在的确过得比四年前更好了，岂不是弄巧成拙吗？这种情况是很少见的，因为大多数人回忆起过去，都会觉得比现在更美好。英文有个说法，叫"过去的好时光"（Good old days），说的就是这个现象。

即便过去的生活有一些糟糕，但是问题都已经解决了，有些苦尽甘来，回想起来变成了甜；有些经过时间的稀释，回想起来百味杂陈，甚至还有一丝审美愉悦。可是，现在面临的挫折、压力还在考验着你，心里的苦楚很难化解。

比如同学聚会的时候，很多曾经的死对头都可以握手言和，大家聊起以前的时光都觉得非常美好。如果你问那些老同学："跟中学时代相比，你有没有觉得自己过得更开心？"很多人会回答"没有，还是过去更好"。这是因为在中学时期虽然学习很辛苦，但也都是过去的事了，而现在面临的生活压力，却是逃不开的。

所以，里根的话术真正巧妙的地方，就在于利用了这种心理——很少会有选民觉得现在比过去更好。最后他果然赢了那场电视辩论和总统选举。

回到开头建议闺密护肤的例子，如果你跟对方说："你的皮肤状况不太好，要赶紧保养"，她就算接受，也可能会觉得你说话太冲。可是，如果她觉得自己的皮肤状况没有你说的那么糟糕，那对方可能会有点生气，甚至感觉被冒犯了。

如果使用里根的说话技巧问对方："跟前几年相比，你觉得你的皮肤变得更好了吗？"一般情况下，无论男女，我们都会觉得自己的皮肤状况没有几年前好，这个时候再给你的闺密提护肤建议，她也会更听得进去，因为"我的皮肤没有原来好了，所以需要额外的保养"，这是她"自己"得出的结论。

✚ ▪ 延伸思考

当你让普通大众用过去和现在做对比，这听起来是在询问他们的想法，但事实上，整体人群几乎只能得出一个答案：现在没有过去好。而当人对现状不满意的时候，他就会更愿意认同你的观点了。

这个说法的重点在于，你要预先想清楚，对方最可能得出的结论是什么，然后再让对方"自己"去得出个结论。如果不是很确定，就不要这样提问。比如说，对于一个正春风得意，觉得自己总算时来运转的人，里根这套提问就不好用了。

假装抛硬币

因为害怕后悔，
所以才会纠结。

○ · 可能遇到的问题

情感的问题，经常让人难以决断。有朋友来咨询我，最近有两个条件都不错的追求者，他不知道应该选择哪一个。然后我发现，当我建议朋友选追求者 A 时，他就会说追求者 B 的好处；如果我建议他选追求者 B 时，他又会对追求者 A 恋恋不舍。我想帮助对方做决定，应该怎么说呢？

常见的说法："这确实是个需要好好思考的问题！你一定要慎重地考虑，我们一起来分析一下 A 和 B 各自的优点和缺点吧！"

更好的说法："不如就抛一枚硬币决定吧！正面就选 A，反面就选 B！"

? · 为什么要这样说

一个犹豫不决的人，他真正遇到的问题，不在于 A 跟 B 本质的好坏，而在于这个人"无法自我说服"。他选 A 也好，选 B 也好，选来选去他都无法说服自己"这个是最好的"。因为害怕后悔，所以才会纠结。

所以，我们该怎么帮人做咨询，怎么帮对方做出他真正想要的决定呢？这时候，你反倒可以利用"反悔"这件事，帮对方找出心中真正想要的东西，让他能够做出决定。有个小技巧，叫作"假装抛硬币"。

以前面提到的朋友找你咨询情感问题为例，当对方在 A 和 B 两个选项之间举棋不定，他自己也说不清到底喜欢谁的时候，你可以这样说："既然想不明白，不如就抛一枚硬币决定吧！正面就选 A，反面就选 B！"

这句话的潜台词是：在两个选择之间，你越是犹豫不决，就越是代表这两个选项其实好坏都差不多。否则，如果差距很悬殊，根本就不会那么难决定。既然差别不大，哪怕是你随便选一个，不管是 A 还是 B，其实都不算错，你也都可以接受。

而你之所以为难，只不过是因为你害怕做决定，害怕以后会后悔。既然如此，倒不如现在就看看你会不会反悔，而抛硬币就能起到这个效果。

假如结果是正面，也就是选 A，此时对方可能有两种反应，第一种反应，对方很爽快地说："好，我知道了，我会去拒绝 B，跟 A 在一起！"这种反应当然最好，因为他已经做出了决定。

可是，更微妙的反应是第二种，也就是看到硬币是正面，当下他就迟疑了，甚至有点伤心，他有可能会说："可是……这样真的好吗……会不会有点太草率了……那个 B……各方面条件真的很难得啊……"此时的反悔，其实就是一种决定。因为这就表明对方在不知不觉间，已经把天平向 B 倾斜。

人的心理是很奇妙的，在没有限制的情况下，就会觉得这个也很好，那个也不错，很容易就会陷入犹豫不决的困境。但如果现在没的选了呢？如果此时对方的第一个反应是试着去接受，那就代表这个选择是没问题的。

相反，如果那一瞬间，对方突然想反悔，这种想反悔的感觉，就会牢牢地盘踞在对方脑海中，就算让他再去做选择，他都忘不了当时那种"想反悔"的感觉。

这样一来，原本那两个看起来条件差不多的选项，就会分出高下了。这时候你就可以告诉他："没关系，我们刚才抛硬币，其实只是个游戏。最后的选择，当然还是在你自己。不过，你刚才看到硬币是正面的时候，是不是觉得很可惜？为什么呢？"

等对方说出自己的心思，其实答案也出来了，他自己就会意识到原来我真正喜欢的，不是 A 而是 B。

这里需要注意的是，我们抛硬币的目的不是真的要帮对方做决定，而是帮助对方明确自己的心意，自己说服自己。毕竟，与实际遇到的不顺利相比，"错过"才是最让我们心有不甘的。只可惜，很多时候后悔都是在事后。就算到时候想要重新选择，往往也都是"悔不当初"了。而这个"假装抛硬币"的游戏，就可以让人在选择之前，先感受一下后悔的感觉。

总之，要说服一个人，最强大、最有效的武器，其实就是这种"后悔的感觉"。既然我们做很多事情，都是为了避免后悔，那就正好可以利用"反悔"这件事，来帮助别人做出决定。

＋▪ 延伸思考

1. 你要尽量把"抛硬币做决定"这件事说得很严肃，让对方在抛硬币之前，真心觉得抛出来的结果就是最终的决定。只有这样，随之而来的后悔，才能体现其真实的心意。

2. 如果对方始终觉得，抛硬币做决定这事太儿戏，你也可以直接告诉对方其中的道理，也就是"两个选项都差不多的时候，不选哪一个会让你更后悔？"认真思考这个问题，有助于自我确认和自我说服。

3. 这个游戏也可以自己跟自己玩：当你陷入犹豫不决的时候，比如选择找工作还是继续深造，你可以抛一枚硬币，然后留意自己在看到正反面的时候，第一时间冒出来的是什么念头。是接受还是想要反悔？反悔的冲动有多强？

自我一致性

会对产品挑毛病的人，
恰恰是对产品感兴趣的人。
如果没兴趣，何必多费唇舌。

○·可能遇到的问题

我是一个健身教练，经常遇到顾客在参观完健身房后，用诸如"怕自己没毅力坚持""工作太忙""会费太贵"之类的理由拒绝办健身卡。我该如何说服他们呢？

常见的说法："健身很有必要的！虽然要花些时间，但是只要你坚持做，对身材和健康都有很大的帮助，您要不要办一张健身卡试试看？"

更好的说法："有健身的想法，就说明您一定是个积极并且愿意做出改变的人，对吧？我知道坚持健身不容易，很多人都不愿意跨出自己的舒适圈，那您愿意吗？"

?·为什么要这样说

正所谓"嫌货才是买货人"，一个人会对产品挑毛病，恰恰是因为对产品有兴趣。如果一点兴趣都没有，就不会多费唇舌了。所以，面对表现出犹豫，找理由拒绝的人，不应该重复产品的优点，或是和对方争论利弊的问题，而应该强化对方的"内在诱因"。

按照这个思路分析，第一种说法，是强调了产品客观上的优点，希望对方了解到这个产品的价值。但很多时候，别人拒绝，并不是因为产品不够好，而只是因为成本太高。在这种状况下，再怎么强调外在的好处，效果都不明显。

而第二种说法的高明之处，在于它跳脱了外在的利弊，去诉诸对方内在的诱因，利用了人的"自我一致性"进行说服。对一个人来说，如果他肯承认自己拥有某种"人设"，那他就会尽量去维护这个人设，以确保他在任何时候都能尽量维持一致，贯彻这个人设。

曾经有家冰激凌厂商，在街上请人试吃他们的新产品。结果发现，如果直接询问路人："您愿不愿意来尝尝新口味的冰激凌？"遭到拒绝的比例很高。但是，如果在说明来意之前，先问一句："您是不是一个勇于尝试新事物的人？"接下来再请对方试吃新口味冰激凌的成功率就高很多了。

这是因为，很少有人会承认自己因循守旧，不愿尝试新事物，而一旦他确认了自己"勇于尝试"的这个"人设"，此时"试吃与否"就不再只是利弊的问题，而是"我是怎样的人"的问题。就算是浪费时间，就算觉得新口味不一定好，为了维护这个"勇于尝试"的人设，对方也会乐意试吃。

同样的道理，如果是否办健身卡，是"健身房条件如何"或者"我能不能坚持下来"的问题，对方有无数种理由可以说服自己先别急。但如果变成"我是不是一个积极的人"，或者"我是不是一个愿意提升自己的人"这样的问题，那他再想偷懒，就会难以安慰自己了。

换句话说，你的推荐要让别人难以说"不"，不应只强调客观上它有多好，而是要把对方的利弊考虑转换成"我是个怎样的人"这样的问题，让他自己说服自己。

+ ▪ 延伸思考

1.这种说服技巧，特别适合需要激励他人的场合。但是对于人设的选择，不一定要让对方口头确认。在很多事情上，人只要踏出第一步，其实就已经显示了他是一个什么样的人。这时候，你只需要点明这个事实提醒对方，他的行为已经证明了某种"人设"，他就会为了维护"自我一致"而做出改变了。

例如，作为老师，当学生抱怨功课太辛苦、要求太严厉的时候，你可以问学生"未来想做什么样的人""在学校是想混日子还是想有收获"，你也可以从学生日常的某些表现出发，比如"我可以看出你们是有上进心的"，给对方归纳出某个正面的"人设"，再引导对方踏出舒适圈，认真学习课程。

2.需要警惕的是，有时候骗子也会利用你的自我同一性，把你框定在他预设的人设里。比如，先问你"想不想发财"，再给你讲"富贵险中求""搏一搏，单车变摩托"之类的道理，让你接下来对无论多么不靠谱的商业计划都失去防御心。所以，当你觉得不对劲的时候，要意识到人设并不是绝对的。比如"我是一个能接受风险和挑战的人"，并不意味着"我是一个无论风险多大都会硬上的人"。

让你说"YES"的特色反问法

你的缺点跟失败，
反而是最适合增进亲密感的话题。

O · 可能遇到的问题

我是一个手机销售员，对不同手机的优缺点都了如指掌，可是经常出现我把产品的优点都一一介绍了，顾客还是没有购买的情况。

常见的说法："我用过很多手机，就这款最好用！"或是"这部手机的后置摄像头，是双 2000 万像素，广角与长焦镜头，有 10 倍光学变焦，用了 A11 处理器！怎么样，很厉害吧！"

更好的说法："这部手机有前后 2000 万像素，拍照特别好看，现在手机功能都差不多，挑手机不就该挑拍照功能强的吗？"

? · 为什么要这样说

有的时候，毫无遗漏地铺陈所有优点，对方也未必能了解东西的好处。比如说，销售员把手机的技术规格都背了一遍，虽然这样做听起来很专业，可是如果顾客对手机很外行，听不懂那些术语，那手机有多好、好在哪儿，他还是听不出个所以然来。

反过来说，如果不讲客观数据，而只是诉诸自己的经验，例如

"我用过很多手机，就这款最好用！"这样说并没有信息含量，也没有任何权威背书，在顾客眼中，你的推荐也并没有很强的说服力。如果你推荐东西时是诉诸个人的感受，那如果对方跟你关系比较疏远，他就不会采纳。

针对这种状况，美国的销售大师哈里·J.弗莱德曼（Harry J.Friedman）总结出一种"特色反问法"，用以把产品的优点植入对方心中。这个"特色反问法"的诀窍，就是一句话里要包括三个要素：特色、价值、反问。

以推荐手机为例，用"特色反问法"就会这样说：

（1）特色："这部手机有前后2000万像素"。

所谓"特色"，就是要挑出商品的某一项特征来重点介绍。比如说相机的像素高，这就是特色。而且，不要贪心，一次只强调一项特色就好，以免分散焦点。

（2）价值："拍照特别好看！"

所谓"价值"，就是要具体说明那项特色，能给用户带来什么实际的好处。比如说相机像素高，特别适合拍照，这就是价值。

（3）反问："现在手机功能都差不多，挑手机不就该挑拍照功能强的吗？"

所谓"反问"，其实就是在求取共鸣，把刚才阐述的好处，提高成一种衡量商品优劣的标准，再反问对方同不同意。这个"标准"可以是挑选同类商品的标准，比如买手机就是要挑像素高，你也可以说这是对现代人生活的重要价值。

同样的道理，如果你觉得朋友的饮食习惯不太健康，想推荐一家素食餐厅给他，也可以利用"特色反问法"这么表达："（1）我最近发现一家素食餐厅，菜做得特别清爽（特色）；（2）少油少盐很健康

（价值）;（3）吃饭不就是健康最重要吗（反问）？"

✦▪ 延伸思考

特别要注意，"衡量产品好坏"的标准，比起"陈述句"，用"反问句"更可能得到对方的认同。

比如，如果是用陈述句"买手机就是要买拍照好的"，这会显得比较武断，容易让人感到抗拒。但是如果是用反问句的话，态度就比较柔软，像是在征求对方的意见，这样他就没那么抗拒了。

而当对方同意了你最后的反问，就等于默认了前面阐述的特色跟价值。虽然，这不代表对方接下来什么事情都会答应你，可是你至少让他开始认同你了，这才方便你展开进一步的说服。

02

化解

克服无言困境

生活经常给你下套，说对话才能脱身。假如你是某种刻板偏见的受害者，任何辩解都会被当成心虚，不辩解又会被看成默认，你怎么回应？假如你从事的是服务行业，面对愤怒的客户，你没有权限解决他的可题，却又必须安抚他的情绪，你怎么说？假如你失信于人，甚至是说谎被拆穿，你怎么道歉才能挽回？以下昰一些应对常见尴尬场面的说话技巧。

第一节
避开冲突危险区

人与人之间的冲突，归根结底都是因为信息不对称。有时候是因为没有照顾到对方的预期，有时候是因为不了解事情的来龙去脉，有时候又是因为对方心里有顾虑不便明说。会说话的人，能够提前预见这些情况，有时只是多说一句话，就能避免无谓的冲突。

挑对人设再开口

话该不该说，
往往并不取决于这话本身有没有道理，
而是说的人对不对。

○·可能遇到的问题

我是一个事业型女性，可是我爸妈却只知道催我赶紧结婚生孩子，一点也不认可我的工作能力。我很不服气，可是又不知道应该怎样提醒爸妈，在感情没有着落的时候，拼事业也是一种很好的选择。

常见的说法："感情的事情要顺其自然，早结婚早生子的人也未必幸福，现在离婚率越来越高，还是拼事业更靠谱！"

更好的说法："爸妈，我知道这话不该我说，只是从身边很多人的经历来看，早结婚早生孩子，未必就是幸福的，还得是遇到对的人才行。缘分还没到的时候，还是拼事业比较靠谱啊！"

?·为什么要这样说

这两种说法的根本区别，不是观点或者内容，而是后者在说话之前，先打了一剂"预防针"。预防什么呢？预防你的"人设"在对方心里激起的反弹。

要知道，很多时候你说的话本身是对的，但是因为你的身份地位不对，所以听起来会很刺耳，让人觉得不舒服。就好比父母催婚，你的"人设"是子女，要体谅父母的心情。可是，如果你只从自己的角度出发，觉得结婚生孩子都是顺其自然的事情，趁年轻拼事业才是正途，当然就会让父母觉得，你根本没拿他们当回事。这才是他们会难过的真正原因。

　　试想一下，如果你跟你父母说："你羡慕人家早早地抱上了孙子，人家还羡慕你家孩子有出息呢！早生几个孩子有什么了不起的？我事业做得好，你们晚年才有保障啊！"这是很无礼的。但是，如果你的父母有个平辈，说出同样的意思，你的父母就算是觉得人家是在客气，心里也会比较受用。因为这是别人在夸奖你，而不是你的自辩或者说反驳。

　　所以，话该不该说，往往并不取决于这话本身有没有道理，而是说的人对不对。就算话本身没有问题，从错的人口中说出来，还是会觉得不太对劲，觉得"这话不该你说"，这就是典型的"人设不对就开口"。

　　那么，在明知道人设不对，又必须为自己辩护的时候，怎样才能既表达了自己的立场，又降低了对方的反感呢？你可以用一句很简单的话作为开场白："我知道，这话不该我说。"

　　还是拿父母催婚这个例子来说，你当然可以拜托几个亲戚，私底下劝他们想开点，但是如果必须自己直陈心意，那就可以先抱歉地说"我知道，这话不该我说"，然后再讲自己的观点。因为这就意味着，你能够体谅他们的焦虑和不安，而且没打算站在他们的对立面。你只不过是从客观的角度，帮他们分析一下"早结婚"和"拼事业"的利弊而已。而一旦他们能够客观地看待这件事，就会发现催婚真的没必要。特别是，如果他们可以代入"别人其实明里暗里也羡慕我们家"这个视角，下次见到辛辛苦苦帮忙带孙子的那些亲戚，心里就会平衡多了。

再举个职场上的例子。假设你的领导把 KPI 定得太高，你想要提点意见，他的第一反应肯定是你想偷懒。道理很简单，作为职员，谁都不喜欢太过严苛的考评标准。所以，你说出"能不能降低 KPI"这句话来，就是有"原罪"的。倒不是说你的提议一定没道理，而是你人设本身的问题。

因此，在直接强调过高 KPI 的负面作用之前，你最好是先调整人设。比如你可以这样说："老大，我知道这话轮不到我说，但是客观地看，KPI 定得这么高，有些同事会觉得，反正达不到，干脆就破罐子破摔了。您看能不能调整一下呢？"这样说，才不会显得像在对领导指手画脚。

其实，人会对"人设错了还开口"感到不开心，往往都是"对人不对事"，觉得对方不识相，没认清自己的角色定位。但是你如果能表明"虽然我知道自己不识相，但这话我一定要说"，反倒显得有分寸、有担当，对方也就没那么容易生气了。

✚ ▪ 延伸思考

没人能做到完全的理性客观和中立，所以说话之前要多想想"我是谁""对方对我有什么期待""我要说的话会引起哪些误解"等一系列问题。

战国时期的顶级说客范雎，在秦昭王极其谦卑地再三请求指导的时候，仍然唯唯连声、不置可否，等到秦王都快急眼了才讲了一番"交浅言深"的道理，大意是说"我知道接下来这些话不该我说，毕竟我们还不熟，可是这些话对你来说很重要啊……"人设不对的时候先打预防针，这算是一个比较典型的案例了。

当然，"这话不该我说"这句话本身并不能说服对方，它只是未雨绸缪，帮你降低因为人设不对造成的道理被打折扣的风险。你必须得先确认，自己接下来要讲的道理是客观的、正确的、有依据的，这样才可以放心使用这个说话技巧。

被要求站队怎么办

世上哪有那么多冲突？
无非是定义不同而已。

○· 可能遇到的问题

过年回家，遇到亲戚在争执"中医管不管用"这个问题，不小心就被牵扯进去。可是不管站哪边，都会得罪另外一边，我该怎么表达意见呢？

常见的说法："这个议题我不了解，实在不知道谁对谁错。"

更好的说法："这得看你怎么定义了，如果你说的是传统医学里有些智慧值得学习研究，我肯定是支持中医的；不过呢，如果你的意思是只要老祖宗说的就是对的，那我是不信的。"

?· 为什么要这样说

社会上充满了争议话题，无论你选哪一边，都会得罪另外一边，而明显地打马虎眼，又可能两边都得罪。所以很多人会劝你，少对这种议题发表看法。可是，万一被迫选边站，又该怎么办呢？你可以试着通过厘清定义的方式，帮助双方化解冲突。

这是因为，日常生活的三观冲突，往往都是来自"前提'的不同。公说公有理，婆说婆有理，正是因为双方是从"公"和"婆"这两种不同的前提出发，选取了对自己有利的定义，才会对同一件事情得出截然不同的结论。

所以，当你发现双方对于同一事物的评价不同时，不妨先思考一下，在他们看来这个事物到底意味着什么？他们说的真的是同一回事吗？这样一想，往往就会豁然开朗，给之前势同水火的双方找出和平共处的最大公约数，也让自己避免了必须站队的尴尬。

比如这里提到的中西医之争，背后有很复杂的理论背景，一两句话肯定是说不清的。但是有一点可以肯定，那就是绝大多数态度鲜明的支持者或者反对者，其实都没有认真想过，所谓"信中医"，到底是什么意思。

而这正是你化解冲突的机会。你只需要指出对立双方各自的合理性，让他们意识到，他们其实是分别从不同的定义得出不同的结论。那么，看似对立的观点，也就有了避免冲突的可能。

比如说，信中医的人很可能是因为相信古老的传统必定有某种程度的合理性，虽然有些尚未被现代科学证实，但也不能全盘否定。而这一论点，即使是反对中医的人，大都也是可以接受的。反过来说，不信中医的人，很可能反对的是没有受过现代医学训练的江湖郎中，随便从古书里拿个方子就敢给人开药。而这种不负责任的行为，即使是信中医的人，也大都是会有所警惕的。

如果这样定义"信中医"和"不信中医"，那么除了极少数特别极端的支持者和反对者，谁也挑不出你的毛病。毕竟，你只是在重复双方观点的合理性而已。"看你怎么定义"，你就会得出什么结论。

像这样议而不决，持续引发社会撕裂的论题，不只中国有，西方也有很多。举个例子，是否支持女性自主中止妊娠的权利，在美国一直都是非常热门的议题。几乎所有政治人物都被要求表态，而无论支持哪一方，都会失去另外一边的选票。所以在 20 世纪 70 年代，夏威夷檀香山市有位议员，为了既回应大众又不得罪立场不同的选民，就使用了"看你怎么定义"的技巧。

他请秘书草拟了一份"回复堕胎问题的通用信函"，也就是说，无论是谁提问，回信都可以这么写，而且保证不得罪任何人。

那么，这封神奇的信是怎么写的呢？第一段话是："关于我是否支持堕胎，我的立场是这样的，如果您所谓的堕胎，是意指谋杀毫无自卫能力的人，是剥夺最年幼公民的权利，是鼓励年轻人之间胡来，那么，请相信我会毫不动摇地反对堕胎。"

听起来，这是一个很坚定地反对堕胎权的立场，可是别急，后面还有一段话："如果您所说的堕胎，是指尊重妇女的选择权，是使我们的年轻人可以有一个改过自新的机会，更重要的是，给予所有公民依照自己良知而行动的天赋权利，那么我向您保证，我会坚决捍卫这些权利。"

这两段话合在一起，意思就是"看你怎么定义了"。因为支持和反对堕胎的人，对这件事情到底意味着什么，其实是存在巨大分歧的。既然大家的定义不一样，那你问我支持还是反对的时候，我当然可以反问"你的定义是什么"了。不用担心极端派会觉得这是在耍滑头，因为大多数温和的中间派选民都会觉得这才是理性的态度。

＋·延伸思考

世界那么复杂，哪有那么多非黑即白的选项？之所以有时候别人觉得你必须站队，是因为他们的理解太过狭隘，没有看到冲突对方的定义，其实各有其合理之处，至于具体选取哪一方，仅仅是个人取舍的问题而已。

　　此外，除了被要求站队的时候，任何需要表态，然而确定的答案有可能引起冲突的情况下，你都可以使用这招。比如，有人问你"喜不喜欢 ×××"，你也可以回答"看你怎么定义了"，因为任何事物都有诸多层面，有些值得喜欢，有些不值得喜欢，只讲你自己的喜好，而不是评价那个对象，就一定不会得罪人。

好好说话2

马东出品

改变他人

化解矛盾

提升自我

维护利益

拉近关系

修炼情商

说话天团 全面升级

现学现用的 说话急救手册

让你在具体生活场景中提高沟通技巧

规定是你能想到的最烂的借口

人很奇妙，
如果只看到规定，
很容易就会觉得不满。

○·可能遇到的问题

我是一个火车站的工作人员，11:30 出发的动车，按规定提前 5 分钟停止检票，可是有乘客在 11:28 的时候非要上车，说明明还有两分钟，为什么不能让我上车？跟他说"这是规定"，他反而更加生气，这时候我到底该怎么安抚他呢？

常见的说法："抱歉，这是规定，我也无能为力。麻烦您配合一下。"

更好的说法："抱歉，但是 11:30 是'出发'时间，而不是最后'上车'的时间。因为在发车以前，车厢要做最后检查，所以如果要在 11:30 准时出发，我们就得提早关闭车门、拒绝登车，否则动车就要晚点了。"

?·为什么要这样说

很多在服务行业工作的员工，在面对客户抱怨的时候，为了节省时间，都会用"结果"而非"因果"去回应对方。他们的逻辑是——规定如此，没什么好商量的，这是一个"结果"；至于为什么有这样的规定，反正也不是我定的，你问我干吗？

然而，最让人生气的也正是这个逻辑。不管你说多少次"抱歉"，只要接下来只给出一个诸如"规定就是这样"，或者"这是老板的意思"之类的理由，都只是在重复令对方不满的事，并没有给出解释，而这当然会让冲突越演越烈。

要知道，别人之所以要申述，要表达不满，就意味着他认为规定并不合理，他不愿意接受。也就是说，对方当然知道"规定如此"，而他恰恰是认为这个规定没有道理，所以才要投诉。这时候，越是强调"规定就是规定"，就越是惹人生气。虽然大家都知道，规定不是你定的，但是因为你工作在第一线，有诉求肯定就直接向你反映了。

因此，面对客户的质疑，正确的做法不是去重复规定这个"结果"，而要讲清楚里面的"因果"。也就是解释清楚这项规定的来龙去脉，是基于什么目的被制定出来的。要让对方知道，他之所以觉得规定看起来不合理，只是因为没有了解规定的全貌。

人很奇妙，如果只看到规定，就会很容易觉得不满，但是一旦了解了规定背后的苦衷，往往就更能谅解和接受规定。因为单看规定，只会觉得是限定，理解了背后的缘由，才能意识到自己是被当成人来尊重的。

就拿"提前5分钟停止检票"这项规定来说，作为乘客谁都希望准点发车，而要做到准点，就必须提前关上车门，做好各项准备工作。5分钟的时间预留，正是基于为乘客服务的考虑，不是有意为难任何人。把"这不是故意为难你"这一层意思讲清楚，通情达理的乘客，也就不会为难工作人员了。

再举个例子。乘坐飞机的时候，有的乘客早早登机，飞机却没办法马上起飞，就需要乘客在机舱里等着。这时有些乘客就会跟空乘抱怨说："知道还不能起飞，那就不要叫大家先上飞机啊！让我们在候机室等，至少比较舒服吧。现在把我们骗上飞机，挤在小小的座位上，等半天都不飞，这不是活受罪吗？"

这时候，如果空乘只知道跟乘客说："抱歉，这是公司的规定，我们也没办法。"乘客很可能就不会接受，甚至觉得这是航空公司为了提高准点率设计的小伎俩。要解决乘客的不满，就应该尽可能解释得详细些。比如以下这种说法：

"不好意思，跟您解释一下，现在天气不好，所有的航班都要排队，可是要排队等起飞，就必须是乘客已经登机，随时可以出发才行。如果现在让大家下飞机，或者是等天气好转才让大家上飞机，那就不知道要等到什么时候了。所以请您配合一下，好吗？"

事实上，这种解释不需要多全面、多深入，只要提供比对方所知更多的细节即可。了解更多的细节，知道更多背后的原因，本身就是一种安抚。就好比堵车的时候，知道前面发生了什么，为什么会堵成这样，虽然丝毫不能帮你早点回家，但却可以让你没那么心烦。

✛ ▪ 延伸思考

很多事情，都不是当事人可以决定的。但是要让人"听天由命"，也得把这个"命"究竟是怎么回事说清楚。因为最让人抓狂的，是缺乏背景信息，觉得自己被人摆弄。一旦讲清楚大家都没办法，以及为什么没办法，情绪也就没那么激动了。

绝大多数情况下，那些让我们觉得不通人情的规定和决定，背后其实都有某种理由。如果在沟通的时候，你能习惯性地加入前因后果，尽可能补充些细节和解释，就会让别人觉得更容易接受。

别人 DISS 你，千万别入坑

层次高的人，
才有不跟别人一般见识的心境。
这不是妥协，而是特权。

○·可能遇到的问题

我是个大龄单身女博士，经常有人跟我说："女人学历高没用，很难嫁人的。"我该怎么回应呢？

常见的说法："我至少还是个博士，不结婚又怎么了？"

更好的说法："你会这样想，很正常。"

?·为什么要这样说

面对负面的刻板印象，或是各种职业、地域、年龄、性别歧视，不管是生气地怼回去，还是试图讲道理，都没有跳出对方的打击范围。

因为，当对方歧视你的时候，心里已经预设了你"一定会在意"。所以，如果你怼回去，他就会觉得是戳中了你的痛处，你很介意被这样说，才会勃然大怒；而如果你冷静地试图讲道理，他就会觉得是因为你很在意这件事，才会大费周章地自我辩解。

想象一下，当对方嘲笑你是"剩女"的时候，如果你反唇相讥，对方会觉得你急了，可见你也很在意嫁不出去；而如果你摆事实讲道理，说现在不嫁人其实也没什么，对方又会说："我不过就是说说而已，你那么紧张干什么？"

是不是很让人生气？对方的这种做法就叫"两头堵"。也就是说，无论你是愤怒反击还是冷静说理，都会被看成是对这种歧视的认可。

那么，面对歧视，难道我们就只能默不作声吗？当然不是。面对歧视，更好的做法是站到更高的层次，对其进行"降维打击"。最有效的做法，就是简单地回应对方："你会这样想，很正常。"

为什么说这是一种"降维"呢？因为这句话的潜台词是："你的眼界比较低，讲的话水平自然也不怎么样，你这种层次的人，当然只可能这么想，我连反驳你都觉得没必要。"

这样一来，你的位置，就不是在同个层次"反驳"对方，而是在更高层次"同情"对方，指出对方是在比你低的层次上说话。这就是所谓的"降维打击"。而既然已经不在同一个层次，当然也就跳脱了对方的"预设"——他既没戳到你的痛处，也没让你表现得很在乎，反而是让自己落到下风。

进一步来说，如果你这样讲，对方很可能就会反问："说我这样想很正常？你这是什么意思？"

这时候，你就可以顺着他的话，讲清楚自己的立场。比如："很多人觉得女孩子学历高，嫁不出去，这样想很正常。因为在他们生活的圈子里，大多数女孩子没有自己的事业，嫁个好人家是唯一的出路；反过来说，很多男生本身层次也不高，害怕女孩子太有本事，会让自己自卑。处在这种生活层次的人，当然会觉得女孩子读太多书不好啊！"

这种程度的反驳，针针见血、拳拳到肉。你一没动气，二没自辩，反倒是很温柔地替对方"开解"，表现出包容的风度。而这样的鄙视，才是最让对方难受的。进一步说，这种反击的方式，其实是进可攻退可守的。你既可以不动声色地噎得对方说不出话来，也可以真的表现出善意，耐心地向对方说明为什么他不理解你。

总之，社会上总有一些人由于见识比较少，或是特别冥顽不灵，有一些荒谬的成见。面对这种成见，你首先应该知道，你没有义务解释自己的生活方式，也没必要一一反驳他们。层次更高的人，才有不跟别人一般见识的心境，这不是一种妥协，而是一种特权。

+ ▪ 延伸思考

这个说法，其实不只针对歧视。面对所有的"不了解"，都可以用这句话应对。

说这句话的时候，要注意语气。如果你是高冷的人设，语气应该是平静中带着一丝鄙视，鄙视里带着一丝谅解，谅解中带着一丝真诚。当然，你也可以面带微笑耐心解释，既可以话里有话，也可以完全真诚。这完全取决于你觉得对方是不是不可救药。

为什么给我看病的医生很冷漠

医患纠纷往往是由于沟通不良，
而沟通不良，往往是因为不理解彼此的立场。

○·可能遇到的问题

我去看牙医的时候，医生跟我说有两种选择，一种是拔掉，另一种是装牙套。但我问医生哪个比较好，他只是跟我说各有优势，死活不愿意明确地给我建议。这医生态度也太差了吧？我该怎么说，才能让医生告诉我怎么做比较好呢？

常见的说法："医生，你给我拿个主意吧！到底是拔牙，还是装牙套比较好呢？"

更好的说法："医生，没有别的意思，也不是要您给我指示，我只是好奇，如果是医生您碰到我的状况，您自己会怎么选呢？"

?·为什么要这样说

很多医患纠纷，来自医患沟通不良，而医患间的沟通不良　往往来自不理解彼此的立场。作为病人，你必须明白医生有什么顾虑，才好获得他们全心全意的帮助。

第一层顾虑，就是医生不敢给出明确的承诺。

很多人会抱怨，医生看诊的态度很恶劣，不重视病患的诉求。其实医生之所以会显得冷漠，很可能只是因为任何一句安慰的话都可能被理解成"承诺"，而承诺都是要负责的。

　　比如说，任何亲人朋友来探病，都可以安慰病人说："没事的，只要配合医生积极治疗，肯定会好起来的。"但是偏偏医生不敢这么说，因为别人说只是祝福，而医生说，就变成了承诺。

　　这个时代，对医生的要求空前得高，医生不仅要对诊疗负责，还得对他的承诺负责。如果医生告诉患者："你不用担心药物的副作用，我干这么多年了，还没见过真有什么问题的。"但是万一发生严重的副作用，那医生很可能就得面对法律纠纷了。

　　所以，就算病患再怎么想得到一句明确的承诺，为了自保，医生还是会想避免不必要的责任，只愿意给出不会出错的"标准答案"，也就是病人最不爱听的"不一定"，或是"看状况"之类的话。这样，就难免显得拒人于千里之外了。

　　而第二个顾虑，就是医生不敢冒险，去做他没有把握的诊疗。

　　科学是严谨的，任何事情都没有绝对。而医学又是个不怕一万、只怕万一的领域。一点点的不确定性，就已经是医生承担不起的风险。所以，在选择治疗方案的时候，医生通常都只告诉你各个选项有什么优劣，很少敢于直接帮你做决定。甚至有些医生会觉得，在面对不确定的情况时，与其甘冒风险动手术，不如直接拒绝病患来得干脆。

　　这些事情，都是医生不会主动告诉你的。在这种情况下，要想让医生真心帮助你，你就得主动打消他们的顾虑。有一种话术能帮医生减轻负担，让他愿意多提一点意见给病人参考，那就是前面提到的，询问医生的"个人意见"。

　　这是因为，如果只是分享个人意见，医生就不太会因此卷进纠纷。这样一来，他们就不会有太多顾虑，愿意跟病人多分享自己的看法。这些"个人看法"不能拿来问责医生，反而是更具有参考价值的。毕竟每个人都是在打消顾虑之后，才能做出最为正确的决定。

✦ · 延伸思考

　　除了医患沟通之外，还有很多人际关系里的冲突和猜疑，都是来自"不理解对方的顾虑"。而进一步说，顾虑之所以是顾虑，正是因为对方不太方便讲得太明白，只能让你自己去领悟。所以，当你第一反应觉得对方有意冷淡，甚至是有意刁难的时候，先别急着发火。想一想，有没有可能是对方心里存在你没有意识到的顾虑？帮对方打消这个顾虑，你们才能进行融洽的交流。

第二节

尴尬是困境也是出口

既然尴尬的根本原因是"不知道该说什么",所以"会说话"就一定意味着善于化解尴尬。本节选取了六个典型场景,分别是被贴标签、被表扬时不知如何回应、想拉近关系却被拒绝、和上级单独相处时不知该聊什么、重大场合不知该怎样发言等,是不是听起来就很尴尬呢?让我们一起来分析,应该如何处理这些难题吧。

用悬念破执念

我们反感被人贴标签，
但又习惯先贴标签，再去感受。

○ · 可能遇到的问题

我是北方人，但是完全不会喝酒，所以在应酬的时候就会很尴尬。对方一旦知道我是北方人，就一定坚持认为我很能喝，不喝就是不给他们面子。我该怎么办呢？

常见的说法："我是北方人，但是真的不会喝酒。"

更好的说法："你看我像哪里人？你确定？"

? · 为什么要这样说

大脑是喜欢偷懒的，也就是说，我们经常会不假思索地在第一时间给人贴标签，把习惯性的刻板印象加在他人身上。最典型的列子就是地域歧视。一旦你自报家门，别人就难免会有先入为主的看法，再想澄清就会比较困难了。

所以，如果你不喜欢自己身上的某个标签，那就别等贴上来之后再撕，而是要在别人给你贴标签之前，让对方产生"这个标签真的适用吗"这样的怀疑。只要对方心里隐隐有一丝不妥的感觉，再来说明

"情况不是你想的那样"，就会比较容易。

以喝酒为例。酒精代谢能力当然是因人而异的，但是大多数人都不会细想，一听到"北方人"这三个字，脑海里就直接蹦出来"能喝酒""不喝就是瞧不起我"。所以，在你说出"我是北方人"这句话之前，为了破除对方的执念，不妨给他们设计一个悬念，让对方对于自己的判断产生不确定的心理。

比如，对方问你哪里人，你可以先卖个关子，问他："您看我像哪里人？"如果没猜对当然更好，就算猜对了，你还可以继续问："您确定吗？"

这里的关键，就是通过猜测让对方有迟疑。因为一旦他自己也犹豫了，就意味着，其实他觉得你这个人是不好归类的，这样你接下来就好办了。作为一个"非典型的北方人"，你再说自己不会喝酒，听起来就没那么刺耳，再拿这个标签逼你，就是撵鸭子上架了。

当然，有些人不喜欢卖关子，有些地位或者辈分比较高的人，你让他去猜也不合适。但是原则是一样的，那就是在亮明标签前，给对方留下悬念，让他对这个标签产生怀疑。比如，同样的意思你还可以这么表达："您问我是哪儿人？一眼看不出来吧？其实我是××人，不过不那么典型啦！"这里没有反问，但是"一眼看不出来吧"这句话，其实也是在提醒对方，不要拿地域给你贴标签。

进一步说，面对一个事物，我们既可以先下结论，再去感受，也可以先去感受，再下结论。前者比较容易被成见左右，后者则比较客观。而你要做的，就是通过"设置悬念"的方式，让别人慢点下结论，实事求是地看问题。这很像是品酒里的"盲测"，也就是不看标签，把不同产地和价位的葡萄酒，放在同样的杯子里进行品鉴，这时候尝出的味道，才是最真实的感受。

　　总之，大多数人都习惯了先看标签，再去感受。而当你不喜欢自己身上的标签时，一定要反其道而行之，让对方先去感受，再形成印象。一句"你猜"或者"你觉得呢"，可以暂时把标签隐藏起来，换取对方用无差别的中立视角审视你到底是什么样的人。而接下来，即使对方仍然觉得你就是标签所注明的那样，至少中间已经经过了一轮不带成见、没有先入为主的观察和思考，对你的刻板印象也就不会那么执着了。

✚·延伸思考

　　用悬念破除执念，目的不是让对方猜谜，而是利用这个猜测的心理活动，让对方不再只用刻板印象给你贴标签。只要对方意识到，其实他一眼也看不出你是什么样的人，在接下来的相处中，就会用更客观更中立的视角来看待你。

　　此外，这个设置悬念的说话技巧，除了帮你避免被标签化，也可以让谈话变得更有趣味。比如，在两人初次见面的时候，对方问你是做什么工作的，为了展开更多的话题，你可以反问："您看我像做什么的？"或者直接说："很多人都猜不出我是干什么的，其实我是……"

　　不管是让对方猜测（适用于比较轻松的场合），还是先铺垫一句"很多人都猜不到"再直接给出答案（适用于比较严肃的场合），原则都是一样的，那就是淡化自己身上的标签，避免有可能的刻板印象。

被人表扬，该怎么回应

你越是说自己其实没那么好，
对方出于客气，
就越是要证明你其实比你说的好得多。

○· 可能遇到的问题

每当工作和学习上做出点成绩，有人夸奖我的时候，我都会觉得很尴尬。因为不谦虚会得罪人；太谦虚吧，人家又可能觉得你矫情。面对这种两难的情况，应该怎么说话才得体呢？

常见的说法："没有啦，这只不过是运气好／小聪明而已！"

更好的说法："我就是下了点笨功夫而已。"

?· 为什么要这样说

经常有人说，过分的谦虚就是骄傲。因为，当你的成绩明显比别人好的时候，否定别人对你的夸奖，就相当于顺带着否定了那些不如你的人。试想，如果你老是考第一名，而这又真的"没什么了不起的"，那些辛辛苦苦想超过你的人听了，又会做何感想呢？

而且，当你试图以自我否定的方式表现谦虚的时候，也给表扬你的人出了个难题。因为你越是说自己其实没那么好，对方出于客气，就越是要证明你其实比自己说的好得多。

比如，对方夸你："最近老是考第一，你真是学霸啊！"你如果回答："哪里哪里，纯粹是运气好而已！"对方一定会接着说："少来！一次是运气，不可能次次都是运气啊，你就是有这个天分啊！"而你接下来再说自己其实没那么厉害，他就会层层加码，最后你也累他也累。

可是，如果你的回应是："没什么啦，我就是下了点笨功夫而已。"对方最多说一句"那是你谦虚"，几乎不可能接着加码。因为"下了多少笨功夫"这件事，除了你自己，别人是不可能知道的，他总不能说"我全天监视着你，你根本就没认真学习，你完全就是因为聪明"吧？

所以，把成绩归功于自己的努力，反而是最能让别人接受，也最能让夸奖适可而止的方法。谦虚还是要有的，但是谦虚的方向，不应该是否定自己的成绩，而应该是肯定自己的努力，借以说明自己"没什么了不起"。这是一个既不得罪别人，也不显得自满的好办法。

进一步说，如果别人夸奖的不是你本人，而是你的孩子，这个原则就显得更加重要。因为中国式家长通常有两个顾虑，一是怕别人觉得自己拿孩子显摆，二是怕孩子被夸多了就骄傲起来。之前有个新闻说的是，有个小孩跟别人讲："我的父母，配不上我这么好的儿子。"这戳中了很多父母的痛点，纷纷表示"孩子有了自信就不服管了！"所以面对他人对自己小孩的赞美，反而是比自己被夸奖的时候更紧张。

其实，这里的问题不在于孩子，而在于家长。不是不该夸孩子，而是应该找对夸奖的角度。认真想想就会发现，不是孩子太难管，而是家长自己太自卑，害怕孩子有了自信，自己就管不住。而正是因为这种中国式的担忧，才导致整个教育文化都吝于给孩子赞美和肯定，反而让小孩普遍缺乏自信，这实在不是一个好现象。

所以，你不要觉得不该夸孩子，只要找对夸奖的角度，就能适当地鼓励孩子，也能照顾到听众的感受。举例来说，当别人称赞"你家孩子真聪明"的时候，你完全不用否认这一点，但是可以把话题引向"努力"这个方向。比如说："这孩子，是挺努力的，也不怎么出去玩，放假了，也是天天在家看书。"或者说："嗯，他对这方面是挺有兴趣、挺专注的。"

这样的回应，既没有否认对方的说法，又没有打击自己孩子的积极性，反倒是提醒孩子要继续努力，不要躺在成绩上睡大觉。把成绩归功于努力、兴趣或是平时下的功夫，别人听起来，也不会觉得反感。

总之，不管人家夸的是你孩子还是你，诀窍就是顺着对方的话讲下去。但是少说先天的天赋，多说后天的努力。这样一来，既不用否定对方，又不用否定自己，更不会让人觉得你得意扬扬、自我膨胀，可谓一举三得。

✚ ▪ 延伸思考

接受批评，只需要虚心就可以，但是接受表扬，则需要在谦虚和真诚之间掌握平衡。也就是说，你必须真诚地意识到你做出了一定的成绩，对方夸奖得有道理；又要谦虚地认识到自己的能力还有不足，以后还得继续努力。

而最简单有效的方法，就是把话题引向你为现在的成绩所付出的努力上。最妙的是，背后付出了多少努力，只有你知道。所以别人也不好否认，说你只是为了表示谦虚才这么说的。这样一来，既避免了对方层层加码的表扬带来的尴尬，对方也会默默觉得你真是个谦虚谨慎的人。

进一步说，中国人一向不太习惯接受表扬，特别是当对方表扬自己的孩子时，中国式父母几乎会本能地对孩子进行否定。其实大可不必这么担心，夸奖孩子的努力，保护孩子的自信，完全可以并行不悖。

被人戳中痛处，怎样提醒下不为例

有时候，
用枪得不到的东西，
却可以用鲜花得到。

O · 可能遇到的问题

家庭聚会时，亲戚长辈总爱提到我的前任。我很不高兴，又不好当场翻脸给长辈难堪。这种时候该怎么说，才能让他们消停一些呢？

常见的说法："我真的不想再提到他了！别说这个了。"

更好的说法："我想到就难受，别说这个了。"

? · 为什么要这样说

每个人都有不想被提起的过去。而不管是有心还是无意，当别人戳到这些痛处的时候，勃然大怒不是明智的选择。因为这会让那些本来就想伤害你的人窃喜，让那些只是无心之失的人觉得受到冒犯。

可是另一方面，你也可能会觉得，如果情绪表达得不够激烈，别人还是不理解问题的严重性，万一下次再犯怎么办？难道就没有既不反应过激，也不留下后患的办法吗？

当然有，那就是：强烈地表达感受，而非激烈地表达想法。

比较一下刚才提到的两种说法。"我真的不想再提这件事了，你能不能不要再说了？"这是一种激烈的情绪，表达的是你的想法，是对于他人的要求，容易激起对方的反弹，觉得你小题大做。

而"我真的很难受，你能不能不要再说了"虽然也是一种强烈的情绪表达，但它表达的却是你自己的感受，就算同样也是在提要求，听起来却会好受得多。因为这时候你的请求，是希望对方体谅你的痛苦，而非被你强烈的情绪胁迫。也就是说，听你的，是因为爱你，而不是因为怕你。

当然，对于前任，最好的做法是解开心结，当成一个熟悉的陌生人，不要有负面的态度。但是如果你实在做不到这一点，那至少也不要用负面态度去看待提及前任的人。这是因为，亲近的人戳到你的痛处，大多数时候都是无意的。而你之所以觉得他们掌握不好说话的尺度，是因为每个人对不同话题的敏感度都不一样。

同样的话，对某个人可以聊，对其他人就未必能聊。就像关于前任的话题，就是有人能接受，有人不能接受。如果你不把自己的底线表达清楚，一厢情愿地期待对方自己揣测，也就难怪经常会感到受冒犯了。

这种预设对方"应该"了解自己感受的误会，在心理学上叫作"自我透明的错觉"。顾名思义，你对你自己来说是透明的，所以就误以为自己在别人眼中也是透明的。可是在别人看来，完全不是这么回事。他又没有读心术，怎么可能理所当然地知道你想说什么，又不想说什么呢？

具体来说，你可能觉得，前任是任何人都不愿提及的话题。可是对亲戚（特别是长辈）来说，他们可能误以为这是一个对你有吸引力，又能接近两代人关系的共同话题，适合用来表示对你的关心。所以你真正需要的，绝对不是怼人，而是很真诚地表达你的感受，请求他们不要再说了。

你要知道，越是难过，越不要用言语暴力逼对方屈服。因为敌意只能激发敌意，求助才能收获善意。即使你有非常强烈地阻止对方继续说下去的冲动，也不能抓狂，而是要照顾对方的感受，用他易于接受的方式，表达你的要求。想要耳根清净，就得接受一个事实——有时候，用枪得不到的东西，却可以用鲜花得到。

所以，你可以说："请你别说这个了，我会难受的。"或者也可以用更软的语气说："拜托啦，别提这个了，我心里不太舒服。"这不是命令，而是请求。对于无意中伤害你的人来说，请求一定比命令更有效。即使对方再怎么神经大条，无法察觉你的心情，你把话讲明白了，他们也总是会收敛一些的。

✚▪ 延伸思考

在任何提到让你不舒服的话题的场合，都可以这样做。比如，老同学拿你当年的糗事开玩笑，其实你心里仍耿耿于怀。与其自己憋着装大度，倒不如真诚地表达你的感受。毕竟，装是装不长久的，你自己难受，最后却只能换来对方一句"你介意的话怎么不早说？"这又何必呢？

其实，每个人心里都有软弱的一面，也都有不想提及的伤口，需要彼此细心呵护。你暴露出自己受伤的弱点，不用觉得丢脸。倒是对方会觉得，自己居然没有关注到你的感受，需要你把话说得这么明白，这是他自己的失礼。

遇到大牛，怎样跟他要微信

跟牛人拉近关系，
不是靠乞求，
而是靠给予。

○ · 可能遇到的问题

工作上常常会遇到各行各业的牛人，我很想向他们讨教学习。但我每次冲上去直接问"能不能加微信"时，通常都会被拒绝。我该怎么提高跟牛人要微信的成功率呢？

常见的说法："我非常崇拜您，很想跟您请教，可不可以加您的微信呢？"

更好的说法："我任职的公司，有些业务可能会跟您合作，想跟您分享交流一下，可不可以请问您的联系方式呢？"

? · 为什么要这样说

在解释这个说法好在哪里之前，你可以换位思考一下，如果你自己是某个领域的大神，遇到小粉丝跟你要微信，你不想给的理由是什么呢？

是"徒增麻烦"，对吧？因为这个时候，对方把自己定位成"索取者"，单方面想向你请教。加了微信之后，总免不了要应酬几句，更不用说还可能会无意中暴露某些隐私。而这种付出，却没有任何好处，谁会愿意呢？所以，除非是一时没想好怎样婉拒，否则你是不会加陌生人微信的。

所以，作为"要加微信"的这一方，问题的关键就在这件事上，你越是客气，就越容易把自己限定为单纯的"索取者"身份，想达到目的也就越难。

你可能会问："要不然还能怎么办？毕竟人家是大神，我只是小透明而已"。但是这样想就错了，因为无论地位有多悬殊，人际交往的基本原则都是"对等"，完全的索取和给予，既不现实，也不应该。而且，表面上的差距越大，你就越是不能妄自菲薄、自我否定，反倒是应该多想想，你有什么地方是能帮到对方的。

举个最简单的例子，即使作为个人来说，对方什么条件都比你好，什么能力都比你强，但是你所在的学校或者公司，是不是有和对方合作的机会呢？而你作为其中的一分子，当然也就可以帮对方做些事情了。就算对方是诺贝尔奖得主，而你只是个普通的大学生，如果对方到你们学校来讲座，你也是有可能作为志愿者提供接待服务的对吧？这就是你有可能帮到对方的地方了。

再退一步说，就算连这种机会都没有，你作为资历特别浅的年轻人，至少也有些年轻人独特的优势吧？哪怕是你的游戏级别比对方高，综艺节目看得比对方多，"带你开黑打排位""给你介绍现在年轻人喜欢什么"，都可以是你给对方提供的帮助。

而且，关键不是你事实上能帮到对方什么，而是你有没有这个心意。谁都不喜欢"伸手党"，你能把自己定位成一个对等的交流对象，你所崇拜的人才能重视你，愿意跟你多联系。

所以，在"能不能留个联系方式"这句话的前后，一定要附带一句"我能为您做些什么"，这样才显得有诚意。即使只是简单的一句"以后还有些问题想向您请教，能不能留个联系方式？如果您想了解现在的年轻人喜欢什么，也可以随时跟我聊啊"，也会大大提高你"套瓷"成功的概率。

以上说的，是跟牛人拉近关系时的"自我定位"问题，而接下来还有一个细节值得注意，那就是你可以采取"迂回战术"，进一步降低被拒绝的可能性。

有时候，对方当场拒绝加你微信，未必是不想理你，而是因为朋友圈会暴露许多生活隐私。如果对方无法确认你的企图、来历，当然不能贸然答应。所以，你可以从不那么隐私的联系方式入手，比如第一步先要电子邮箱，这种比较公开的联系方式，对方不太可能不给你。

更有意思的是，你既然是当面要到的电子邮箱，所以当你通过这种方式联系对方时，他也不太可能不理你。而利用这种方式，有两三轮信息往来之后，再要微信，也就是水到渠成的事情了。甚至对方还有可能直接回应你："现在很少用邮箱了，不如直接加个微信吧！"那你不就一步到位了吗？毕竟，你先要电子邮箱而非微信，已经表示出对于对方隐私的尊重，对方投桃报李直接给你微信，也不是很奇怪的事情。

当然，除了这些技巧，想要建立跟牛人的密切联系，你本身的底气、价值才是最关键的因素。而如果遵循了所有这些原则之后，对方还是不肯加你微信，那也没什么好纠结的，因为你的目的不是"搞定"某个具体的人，而是尊重值得尊重的人，并且让自己也成为这样的人。

✚·延伸思考

被崇拜是好事，但是没人喜欢只知道索取却不知道付出的崇拜者。与其想着自己要什么，不如反过来想想你能给予对方什么。无论差距多大，只要认真思考，你都一定能发现自己对别人的价值，而这正是拉近与其关系的基础。

学会提问，和老板单独相处不尴聊

老板不是想跟你交朋友，
老板只是想展现出"亲切的形象"。

O · 可能遇到的问题

我最近常常需要跟老板单独出差，但每次我都觉得很尴尬，不知道该聊什么。老板也感觉到我很拘谨，要我放松一点，把他当朋友看，这反而让我更紧张了。我到底该怎样跟老板自然地相处呢？

常见的说法：没话找话，强行尴聊。

更好的说法："老板，我刚出社会，有些事实在不懂。不知道能不能请教老板，像××××一类的事情，换成是您，会怎么应对呢？"

? · 为什么要这样说

跟地位比自己高的人单独相处，大多数人有两种表现，要么是拘谨，要么是没分寸。就拿员工跟老板的私下交流来说，有些人紧张得要死，什么都不敢说，惹得老板嗔怪；有些人则是真把老板当成了朋友，什么都敢推心置腹，却往往言多必失。

其实，当老板跟你说"放松一点，拿我当朋友就好"的时候，他到底想表达什么意思呢？是真心想交你这个朋友吗？当然不是！如果真是这样，他大可以平时多关心你，或者是在工作之余多带你去见世面，不用等到气氛这么紧张的时候，才说这种话。

事实上，老板之所以会这么说，潜台词是在责怪你让他觉得不舒服。一方面，没人喜欢气氛这么僵；另一方面，老板也想展现出平易近人的形象，而你太拘谨，其实就是不买这个账。所以，老板嘴上说是要"交朋友"，其实只是在暗示你，要你想办法让气氛轻松点，彼此能多聊几句就好。

明白了这一点，接下去应该怎么做呢？很多人就会说："当然是想办法找话题啊！"但是难就难在找话题上了，因为你们本来就不是朋友，很少有什么共同话题，而且身份地位又不一样，小伙伴聚在一起喜欢聊的私人八卦、私下吐槽什么的，跟老板聊起来都很容易失控。所以，强行找话题，就很容易陷入尬聊，让气氛变得更加诡异。

但是，有一类话题是永远有得聊，而且绝对不会出问题的，那就是"请教问题"。要知道，即使是私下跟老板聊天，你们依然是上下级的关系，所以，你挑的话题就应该符合下对上的人设。而"请教"，是最应景的。

首先，可以提出你自己的人生疑问，让老板有机会做你的"人生导师"。因为平常老板只是指导你的工作，但是这时候，正好可以请教工作之外的疑问，让老板有机会展现他的人生阅历，跟你分享他的价值观。

比如你可以提问："老板，工作以后，总有朋友会来跟我借钱，这让我很困扰，是您的话，会怎么应对呢？"这时候，老板就可以分享他的经验来开导你，甚至日后还可以拿这件事开你玩笑。总之，不管老板怎么答，也不管你到底有没有觉得受用，你跟老板的关系，肯定会因此热络起来。

　　但是要注意，当地位比你高的人分享个人故事的时候，气氛再好，你也不要为了满足自己的表现欲，反过来把话题引到自己身上；或者是为了满足自己的好奇心，细致地追问对方没主动提到的事情。因为这样可能会让人觉得你有些得意忘形，没大没小了。

　　当然，如果你实在是脸皮薄，除了工作不知道能聊什么，至少也可以请教一下"如何处理工作和家庭关系"之类的问题，从工作自然过渡到生活，也可以让老板始终觉得有话讲，而且话题又不会太过严肃。他有话讲，你只需要点头听着，也就不会尴尬了。

＋· 延伸思考

　　谁都有表现欲，特别是地位比较高的人，通常都喜欢话题围着自己转。而这种说话方法的诀窍，就是用请教的方式来顺应对方，给对方"摆谱"的机会。

　　所以，它不仅是在面对老板时可以使用，面对长辈，你也可以向他们寻求人生的建议，听他们说一说过去的故事。关键不是你能获得什么，而是能跟他们私下相处愉快。

　　不用担心这种想法太过腹黑，因为虚心请教并且耐心倾听，本来就是表达对他人尊重的最好方法。而且，如果对方真的是想跟你平辈论交，那他一定不会只顾着自己说，也会时不时反过来询问你的看法，对你表现出同等的尊重。遇到这样的情况，你倒是真的可以放下心防，把对方当成朋友。

婚礼誓词说什么才感人

能打动人心的，
从来不是华丽的辞藻，
而是动人的细节。

O · 可能遇到的问题

下个月我就要结婚了，我想有一段精彩又难忘的婚礼誓词，该怎么说呢？

常见的说法："我第一眼见到你的时候，就觉得这个人特别不一样，你那顾盼流波的样子，让我瞬间体会到什么叫倾国倾城！"

更好的说法："第一次见到你的时候，是你对正在安排座位的班主任说，我要坐在那里。你指向的，正是我旁边的座位，虽然班主任没能满足你的要求，但我心里的这个位置，你却牢牢地占据了这么多年。谢谢你，走进我的世界里。"

? · 为什么要这样说

类似婚礼这样的重大场合，我们都想表达自己的深情。然而一个常见的误区是，很多人觉得表达深情，主要靠的是文采。甚至还有些人会在网上搜索范文或模板，照本宣科。这样不但俗套，而且通常也没办法打动人。

　　事实上，能打动人心的，从来不是华丽的辞藻，而是动人的细节。如果你想感动你的伴侣，进而感染现场的宾客，就不要想着别人的套路，而是要发掘专属自己的细节。最好的婚礼誓词，可能就是你们回忆中最美好的那些细节，仅此而已。

　　具体来说，要感动对方，一种做法，是讲一些专属于你们两个人，回想起来就会觉得很开心的记忆。比如初次相见的情景、你第一次感觉到心动的时刻、一起经历的重要事件。又或者是在哪个瞬间，你决定了要携手这个人踏上红毯。这些细节，甚至不需要在别人看起来有多浪漫，只要能让对方想到的时候会心一笑，回忆起感情中美好的那一面，就已经非常成功了。

　　细节描述得越清楚，通常就越能让人感动。像是刚才提到的第二段誓言，虽然非常简单，只是描述了第一次相遇的场景，但是整个描述充满了画面感，让人一下子就回到了青葱年少时最纯洁的情感世界。这就是难忘而且精彩的誓词。

　　除了回溯过往之外，第二种做法，还可以是展望未来。你可以想象一下，即将开始的婚姻生活会是什么样子，你会许下什么承诺。重点和刚才一样，还是要有清晰、明确的细节。比如说，你俩工作都很忙，那就可以告诉对方，婚后每天起床要有一个早安吻。只要把这些细节一一呈现出来，就连"今天一起上下班，我负责做饭你负责洗碗"这种无比平实的描述，也可以打动人心。

　　举个例子，陈小春给应采儿的婚礼誓言是："以后每月我的收入都会交给你，由你来分配我的零用钱。我负责供水电费，你想买什么名牌都可以，家务由我来打理，想生男孩、女孩都随你。欢迎丈人丈母娘来我家里长住，天天检查我有没有欺负你。我一定会对你很温柔，从今天开始，我的生命里只有你。"这段话之所以感人，不是因为山盟海誓，而是因为充满了可以落实的细节。

　　当然，你可能觉得这样深情的话，自己一定说不出来。但是别忘了，世界上并不缺少深情，缺少的只是发现细节的眼睛。情到深处自然浓，当你处在某种氛围和环境里的时候，很多平时觉得矫情的话，也会自然而然地从口中流出。所以别在意外人怎么想，婚礼誓词归根结底是说给对方听的，只要能够感动对方，那就成功了。

＋・延伸思考

　　不同的场景需要不同的说话策略，在婚礼这个浪漫且庄重的场合，对深情的表现到什么程度都不算过分。而想要表现深情，着力点不是辞藻，而是那些看似平凡，其实内涵丰富的细节。

　　需要讲故事的时候，往往也是描述越具体、越有画面感，才越能感动人。但是切记，细节不是越多越好，找到一两个最能打动人的就可以了，多了反而显得是在记流水账。

第三节

道歉的方式比道歉更重要

真诚的道歉，是修复破裂关系最简单有效的方式。然而"道歉"这个场景，又是最让人紧张和尴尬的。为了化解这种尴尬，我们经常会本能地出些昏招。认识并且避免这些误区，才能让你在无意中伤害了别人的感情之后，通过道歉换取对方的谅解。

只是"对不起"，换不到"没关系"

道歉的时候别怕丢脸，
因为道歉的效果，
有时恰好跟你丢脸的程度成正比。

○· 可能遇到的问题

我跟朋友开了一个比较过分的玩笑，他很不开心，我该怎么跟他道歉，才能让他原谅我呢？

常见说法 1："好啦，我道歉就是了，别生气啦！"

常见说法 2："如果你觉得不舒服，那我可以跟你道歉。"

常见说法 3："我很抱歉，但我不是故意的，我不知道你这么在意。"

更好的说法："我知道我的话伤到你了，真的很对不起。"

?· 为什么要这样说

诚挚的道歉，说起来容易做起来难。因为我们通常会觉得，说出"对不起"这三个字，是件特别尴尬的事。而为了降低自己的尴尬感，道歉的时候，人们就很容易陷入三个误区，致使被道歉的人接收不到我们的歉意。

第一个误区，是硬要在道歉最后加上一句"尾巴"，让道歉听起来比较轻松。比如在表达歉意之后，劝对方"别生气啦"之类的。而这个"小尾巴"，其实是会让人很抓狂的。因为在被你冒犯的人听起来，这是在暗示问题出在他身上，是他不懂放轻松，喜欢小题大做，才导致关系紧张的。可是，被伤害的人明明是他，你凭什么要求他就必须大气一点，必须看开一点呢？

第二个误区，是在道歉的时候，加上了"前提"。比如"如果你觉得不舒服，那我可以跟你道歉"，这个逻辑听上去好像没什么问题，毕竟对方的"不舒服"，是你道歉的直接原因。可是归根结底，对方的不舒服，是因为你做错了。你是在为你的错误道歉，这时候强调"对方不舒服"这个前提，只会让人觉得，你是在怪罪他太敏感脆弱。

第三个误区最严重，是在道歉时还要加上"但是"，试图为自己开脱。最常见的情况，是说完抱歉之后再加一句"（但是）我不是故意的"。从你的角度想，这是为了让对方心里好受些。但是从对方的角度来看，完全不是这个感觉，他会觉得你不是在道歉，而是在自我辩解，甚至是找借口。一个最本能的反应是："不是故意的？不是故意的就可以这样吗？"所以，即使你没有说出"但是"这两个字，只要存在辩解的成分，这样的抱歉在对方听起来，就是没那么真诚和纯粹的。

以上这三个误区，并不一定是因为道歉者存心狡辩。恰恰相反，这很可能正是因为他们内心被羞耻感压得喘不过气来，所以才会找各种机会，给自己缓和一下气氛。但是，如果你要让对方感受到真挚的歉意，就必须克制这种本能的冲动。不要怕，让你的羞耻感自然表现出来就好。

关于这一点，美国的沟通专家约翰·卡多（John Kador）指出："对不起"之所以会有力量，其实不在话怎么说，也不在内心怎么想，而是在于你是否充分展现出"羞耻感"（Shame）。羞耻感展现得越多，道歉就越有力量。也就是说，你越是让自己显得尴尬，就可以得到对方越多的谅解。道歉最大的诀窍，就是"不要怕尴尬"。

廉颇的"负荆请罪"之所以是历史上最典范的道歉，就是因为堂堂大将军愿意在大庭广众之下脱掉上衣，背着荆条，一路走到蔺相如家，跪在蔺相如面前请他责罚。这里的每个细节，都是在狠狠地羞辱自己，若非如此，就不足以表达羞耻与愧疚。真心觉得做错了事，希望别人原谅，就不要怕丢脸，付出"代价"，才能更好地换取原谅。

总之，理想的道歉，要越明确越集中越好，要拿掉前面提到的这些"尾巴""前提""但是"。如果你要为说错话道歉，你就应该简洁明了地说"我知道我的话伤到你了，真的很对不起"——停在这里，不要再说了。虽然这样可能会让气氛有点尴尬，不过别担心，你越尴尬，就能让对方越快消气。看到你这么丢脸，场面这么僵，对方通常就会很快消气，甚至还会主动打圆场："好啦好啦！没事了没事了。"

而就算真的事出有因，你也不要急着辩解，等对方气消之后，你可以再好好解释。比如说，如果你遇上堵车所以上班迟到，老板来责问你的时候你只需要说："老板，我知道迟到耽误了工作，我非常抱歉。"然后等老板气消了，问起情况的时候你再解释，这样就会比较自然，不像是在找借口。就算老板没问起，隔几天再跟老板抱怨，堵车曾经害你迟到，也比当下跟老板顶嘴更聪明。

+·延伸思考

这里要注意的是，道歉的内容虽然要简洁明了，但是话说出口的时候，不要太流利、太大方，这样反而会显得像是排练过的，减损道歉的真诚感。因为谁都知道，真正被歉意和羞耻感折磨着的人，说话会有不由自主的停顿、磕巴、词不达意。要记住，愧疚的表情、行为和语气，比精彩的内容更能换取谅解。

谎言被揭穿后，该如何道歉

"说谎"只是结果，
真正的原因，
是胆怯和自私。

○ · 可能遇到的问题

我的另一半很强势，什么事情都希望我听他的。为了避免不必要的麻烦，我常会跟他撒些小谎。但最近我骗他的一件小事被发现了，现在他说我不忠诚、不老实，请问有什么好办法去解释吗？

常见的说法："对不起，我不该骗你。我知道错了，下次真的不会再犯了！"

更好的说法："对不起，是我没有勇气跟你说实话，我不该这样，以后有任何问题我们都一起面对，好吗？"

? · 为什么要这样说

很多人都以为，说谎是因为"不诚实"，其实没这么简单。谎言只是手段，"回避某些不愿面对的事实"才是说谎的真正目的。所以，如果你不看更深层次的动机，而只是为说谎这个手段而道歉，是不可能真正安抚对方的。

举个最常见的例子，面对说谎者，被欺骗的一方总是会问：

"知道说谎不对，为什么还要骗我？"而这个时候，如果说谎者只是重复"对不起"这三个字，其实并不能很好地修复关系，或是重新赢得对方的信任。毕竟，在被欺骗者看来，如果不能了解说谎者的真正动机，他是不太会相信"下不为例"这种保证的。

所以，光是说"我知道说谎是不对的，我以后不会再说谎了"是远远不够的。作为道歉者，我们有必要深入发掘自己说谎的动机。只有当这个动机得到对方认可的时候，你们的关系才算真正修复了。

需要注意的是，你最初说谎的目的，其中很可能具有一部分合理性的因素。比如小孩之所以不敢直接说自己没考好，很可能是因为父母平时太过严厉；伴侣之间之所以会隐瞒哪怕是正常的与异性之间的交流，往往是因为另一半太喜欢吃醋。可是在道歉的时候，千万不要从这个角度去找理由，因为听起来太像是自我辩护，甚至是反过来指责对方，达不到表达歉意、安抚、修复关系的目的。

要知道，道歉，永远是从自己身上找原因。就算在这件事上对方也有错，也得对方自己去体会，你不能说。而你的错是什么呢？最常见的就是"胆怯"，不敢直面和解决问题。但你不能直接说"是因为我胆小"，因为正在气头上的对方，一定会觉得"你的意思是因为怕我？我有这么可怕吗？还是怪我咯？！"

所以，你要再进一步想想，"胆怯"背后，又是一种什么样的心理机制呢？归根结底，这是基于"多一事不如少一事"的自保心态，是一种自私。而说谎这件事，对方最能接受的动机，正是你的"私心"。所以，为自己自私的动机道歉，而不是为"撒谎"这个手段本身道歉。

还是拿前面这个例子来说。你的伴侣太强势，以致你经常会觉得不得不用谎言化解冲突。而当谎言被揭穿的时候，你可以这样道歉：

"对不起，之前是我没有勇气跟你说实话，我想着多一事不如少一事，为了图方便，所以说了谎。对不起，以后有任何问题，我都会跟你一起面对。"

这样的表达，把说谎归咎于"自私"，比起你直接说"是因为你太强势"，或者"是因为我太胆小"要好得多。而只要对方冷静下来，就总会想到，你之所以不敢真诚、缺乏勇气，除了"自私"这种人类普遍天性之外，跟他自己太强势也是有一定关系的。如果你的伴侣是个有反省精神的人，消气之后，甚至会主动跟你说："我想过了，其实我也有问题，以后我尽量不那么凶，但是你也别跟我说谎，有问题我们共同解决，好不好？"做到这一步，才是皆大欢喜的结局。

总之，不管是伴侣之间的隐瞒、学校考试的作弊，还是同事之间的吹牛，说谎只是结果。真正的动因，是你不够勇敢、不够自信，不相信大家会喜欢你真正的模样，才会用谎言掩饰自己。而反过来说，想要做个诚实的人，你真的应该追求的是勇气、耐心、自信。所以，谎言被拆穿之后，你不仅应该寻求别人的原谅，更需要分析自己"说谎背后的动机"。让道歉成为一段成长的开始，而不仅仅是对于错误的补偿。

+ ▪ 延伸思考

这个道歉技巧的核心，是需要去解析自己"说谎的动机"，认识自己自私、胆怯、软弱的一面。但是你也不用担心，就算动机看起来很不堪，动机背后的情感，通常也都能产生共鸣。比如害怕失去、害怕不被爱、害怕你生气这些理由，都是比较容易获得对方谅解的。

怎样谈一场有惊喜的恋爱

"承诺"补偿不了失望,
"惊喜"却能给情感保鲜。

○ · 可能遇到的问题

最近工作特别忙,好几次约会都泡汤了,另一半很不开心。我应该怎么做,才能好好补偿她呢?

常见的说法:"亲爱的,对不起,下个周末我一定陪你去那家你喜欢的餐厅吃饭!"

更好的说法:"亲爱的,上次爽约之后,我心里一直很抱歉。今晚刚好我们都没事,我定了你上次说很想去的餐厅。车已经叫好了,我们准备出门吧!"

? · 为什么要这样说

计划赶不上变化,总是特别让人失望。无论多么周密的计划,都可能遇上变故。临时要取消约会、聚会,不仅让被约的人很失望,也让爽约的人很内疚,想要补偿对方却找不到方法,很多人最后就只有救命的一招:给承诺。

"用承诺化解失望",这就是想要修复因为爽约造成的关系破坏时，人们通常的思路。潜台词是："下次一定如何如何，所以这次能不能先原谅我？"可是，开出承诺，就一定能用"期待"取代"失望"吗？通常都是行不通的。

因为人们往往忽略了两点：第一，期待越大，失望也会越大；第二，就算承诺能够安抚对方的情绪，也不是因为承诺本身，而是因为上一次你兑现承诺时的"信用记录"。

举个最简单的例子。当你试图用承诺来化解这一次爽约带采的尴尬时，对方第一句话通常是："真的？"而第二句话往往就是："那上次那个×××的约定，你还没有兑现呢！"

在这种情况下，一方面，当你为了解决当下的尴尬，把"给承诺"当成救命稻草的时候，对方会本能地觉得，你的态度是很不真诚的，只是一时着急才这么说。另一方面，由于这个世界上几乎没人真能做到"言必信，行必果"，所以一旦对方不相信你的诚意，开始翻旧账，就会想起之前你还有很多承诺没兑现。不但这次不信你，而且以后也会对你的话打折扣了。

中国有句古话，叫作"轻诺必寡信"，也就是说，给承诺的时候太着急、太随意，必然伴随着信用破产。而这正是"失信的时候急忙给承诺"的致命问题。想想看，在你的身边，有没有那些不断爽约，又不断提高承诺价码的朋友？这次放了你鸽子，许诺下次请你吃顿好的；下次却再失信，信誓旦旦地说请你吃顿最贵的。而随着那个'想象中的餐厅'规格越来越高，你也会越来越觉得这个人不靠谱，可能最后他说什么你都不会信了。像这种"连续升高的承诺"，绝对不是有信用的人会做的事情。

那么，面对失信于人的既成事实，如果"许诺补偿"效果并不好，又该怎么办呢？有一种更好的做法——用"惊喜"取代"承诺"，也就是靠意外之喜去补偿对方。

比如说，同样是约会告吹，一种补偿对方的方式，是八字还没一撇，就跟对方拍胸脯保证会带她去更棒的餐厅。可是，就算你确实履行了承诺，那也只是完成了说好的事，并没什么了不起的。

而另一种做法则是，当下先道歉，但是不说下一步你会怎么做。等到确定你们俩都有时间的时候，再告诉对方，你一直对上次爽约的事耿耿于怀，所以现在预定了她一直都想去的餐厅，想好好补偿。这样做，在对方心里，不仅对你上次爽约的疙瘩没了，还会获得意外之喜的快乐。

进一步来说，由于这个惊喜，事先是没有承诺过的。所以有个额外的好处，就是对方会觉得，你连没承诺过的事情都会主动去做，那承诺过的事情，岂不是更为靠谱？不给承诺，反而让自己的承诺更有信用，这就是用"惊喜"取代"承诺"这个技巧的绝妙之处。

同样的道理，如果是爸妈对孩子爽约，比如爸妈由于工作原因，不能带小孩去游乐园，这时候父母该怎么弥补呢？最有风险的做法，就是承诺孩子，你要买玩具给他，或是等你有空了，要带他去更棒的地方玩。可是，如果这次是因为工作繁忙而爽约，你又怎么保证下次一定会有时间给孩子买玩具，或者是带小孩去游乐园呢？但是，这时你的支票已经开出去了，孩子在家肯定是期待得不行，如果你再次让孩子失望，他的痛苦很可能会加倍。

而一个安全又聪明的做法是，把这件事先放在心上，等你哪天有空的时候，去商场挑个玩具，回到家里把这个玩具当作"惊喜"送给孩子，他收到礼物的快乐，可能大大超过上次的失望。

✚ · 延伸思考

　　这里所说的"惊喜"，未必要有多大阵仗。爽约了一次高级餐厅，订点对方中意的甜点或者消夜，也不失为一份浪漫的惊喜。可是如果用"给承诺"的思路，你就必须升格到更贵的餐厅才算是弥补，而且效果还不一定好。

　　此外，惊喜有时候会让对方措手不及，比如礼物不合适，或者是约会的时间让对方来不及准备。不过，最不济对方也是抱怨你"太浪漫"，比起"太让人失望"，这实在是一个好太多的评价。

提升

强化语言效率

说什么，你就是什么。如果你平常说话的时候，给人陈词滥调、言不及义的感觉，很可能不是因为具体说法的瑕疵，而是由于说话背后的"观念体系"有待提升。比如，同样是遇到困境，有人说话泄气，有人说话鼓劲，这是因为后者懂得使用"能动性的话语"。又或者，同一个复杂的问题，有人绕来绕去讲不清楚，有人能够三言两语让人明白，这是因为后者利用了"基础模型"。再比如，在大家一起探讨问题的时候，总有些人一开口就让人无法接话，另一些人则会让气氛更加热烈，出现更多的好点子，这是因为后者掌握"开放式对话"的精髓。在其他诸如闲聊、开会、推荐、谏言之类的场景里，拥有更高级观念系统的人，自然也会谈吐不凡，令人印象深刻。

第一节

破除困境的观念升级包

好的口才，背后是一套好的观念系统。升级你的观念系统，在别人遇到僵局的时候，你才知道除了打鸡血和灌鸡汤之外，还可以通过"能动性话语"引导其积极思考。在安慰人的时候，除了"不要想太多"这种正确的废话，你还应该知道怎样让他真正解开心结，走出阴霾。甚至在吐槽的时候，你的说法，都会显得更加客观，更令人信服。

面对困境，多用"能动性话语"

有时候，
不是你怎么想就会怎么说；
而是你怎么说，就会去怎么想。

○▪ 可能遇到的问题

我的朋友抱怨说，他的老板让他干了三个人的活儿，却只给他一份工资。虽然我们都知道，短期内跳槽和涨薪都不现实，可是难道就只能劝他继续忍吗？我该怎样切实地安慰他呢？

常见说法1："加油！天道酬勤！只要坚持下去，总会看到希望！"

常见说法2："这份工作你是想继续干下去，还是想辞职不干呢？"

更好的说法："既然你这么能干又这么辛苦，那就得好好想想，要怎样才能让老板知道你的付出？或者说，要怎样可以顺势跟老板要求加薪呢？"

?▪ 为什么要这样说

当你自己或者身边的人遇到困境的时候，有两个常见的误区。一是完全拒绝承认客观事实，一味地打鸡血灌鸡汤；二是完全被动地接受现实，做出"要么忍要么滚"的极端判断。

其实，正确的做法是介于二者之间的，那就是先问自己：面对既定事实，可以怎样调整主观的视角？这样一来，你就有足够的空间，既不用灌鸡汤，也不会任凭负能量爆棚，而是引导对方往积极的方向去想问题。

要知道，说话方式能够引导人的思考和行为方式。有时候，不是你怎么想就怎么说，而是你怎么说话，决定了你接下来会怎样去想，怎么去做。客观条件虽然有诸多限制，但是无论如何，我们都不是木偶，不是完全被动的"对象"。即使困难再大，你也能尽量选择那些"能动性的话语"。

比如，同样是在职场遇到困难，被动的说法是："老板怎么能这样呢？要么涨工资，要么多招人，总得给个说法吧？把你一个人当三个人用，这样下去怎么受得了呀！"这样一种表述，看起来很解气，但其实全都是丧气话。因为你的整个思路完全是被动的，似乎一切都由老板说了算，而你这个朋友只是一枚棋子，眼巴巴地等着老板做决定。按照这个方向去想问题，除了怨天尤人或者自怨自艾，没有别的出路。

可是，同样的局面，完全可以是主动性的说法。比如："老板给了你三倍的工作，你该怎样让他意识到，这是不合理的呢？"或者说："如果你觉得这个工作量你能承受得住，那么接下来，怎样利用这个筹码，跟老板谈加薪呢？"

这样的说话方式，就是所谓"能动性的话语"。它与被动性的话语有个根本区别，就是不去猜测"结果是什么"，而是去思考"应该怎么做"。因为你的所作所为，本来就是影响结果的重要因素。大家都是平等的人，为什么要把自己当成待宰的羔羊呢？

进一步说，很多自怨自艾的"负能量"想法，大都来自这种被动性的说话方式。比如在恋爱关系中，很多人会关心对方到底爱不爱自己。缺乏能动性的人可能会这样问："我的男朋友到底是不是真的爱我？"或者"要怎样证明他是真的爱我？"甚至会直接拿"我和你妈同时掉到水里，你先救谁"的问题去质问自己的男朋友。

可是，具备能动性话语习惯的人，提出的问题则会是："我要怎么做，才能确保我的男朋友真的爱我？"或者"如果他并不是真的爱我，我又该怎么做？"很明显，后者是比较独立和可爱的，前者只会给双方平添纠结和麻烦。

总之，世界上的事情虽然大多不尽如人意，但是你完全无所作为的情况也不太多见。很多时候，看似你只能被动地接受结果，但其实都可以通过说服、谈判来影响别人的决定。你用被动的方式说话，就会用被动的方式思考。而一旦深陷这种思维模式，就会看不到积极主动有所作为的可能性。也就是说，你成了自己说话方式的奴隶。

✚▪ 延伸思考

这种"使用能动性话语"的思路，不只可以用来安慰他人，更可以用来激励自己。当你遇到挫折，在心里跟自己对话的时候，也要注意别陷入"他凭什么这样做""结果会怎样"之类的思维模式，而是要让自己多想想"可以做什么""应该怎么做"。

想安慰人，别说"不要想太多"

让痛苦的人"不要想太多"，
只会给他带来双重的痛苦。

○ · 可能遇到的问题

好朋友失恋了，萎靡不振。我尝试开导他、转移他的注意力，让他尽快忘记不开心的事情，不过效果甚微。我该如何安慰处于痛苦中的人呢？

常见的说法："不要想太多，放心，一切都会过去的。"

更好的说法："请你现在帮自己认真想一想，眼前的这种痛苦、这件事带给你的经验，在两三年之后，甚至十年之后，会对你产生什么样的帮助？"

? · 为什么要这样说

对于身处痛苦之中的人来说，"不要想太多"是最常见，也最没用的一句话。之所以常见，是因为几乎所有人都会本能地认为，痛苦就是因为想太多，只要不去想就没事了；而之所以没用，是因为所谓痛苦，本来就是一种逼着你不能不去想的力量。如果说不想就能不去面对，那还有什么痛苦可言呢？

　　更重要的是，"不要想太多"这句话背后的逻辑是"像××这么痛苦的事，我们逃避就可以了，不用去面对，毕竟一切都会过去的"。可是谁都知道，人生那么长，我们不可能一直都有人陪，一直都有转移注意力的办法。而当某一次你终于独处，不经意间又想起那段经历的时候，就会发现，由于没有自觉地锻炼自己面对痛苦的能力，这个突如其来的瞬间，就会更加难熬。

　　而且，即使只谈当下，你安慰别人的时候反复说"不要想太多"，反而有可能造成二次伤害。因为对方原本只是因为失恋而痛苦，而现在还得为"不能从失恋的痛苦中走出来"而痛苦，会觉得"我怎么这么没用？我为什么就是不能忘记？为什么我脑子里总是有这么多负面的想法？"

　　所以说，无论是从长计议还是只看当下的效果，劝人"别想太多"，都不是个好办法。事实上，负面的想法只能被覆盖，不能被凭空清除，所以你真正要做的，是引导对方以正确的方式看待这种痛苦。不是不去想这件事，而是换个方式想这件事。

　　比如，你可以说："我知道你现在很痛苦，而且一时走不出来，这很正常。不过你可以认真想一想，两年后、五年后、十年后，你现在这段经历，会对你有什么样的帮助呢？"

　　这种说法的好处在于，首先，它承认对方现在的痛苦是合理的，不造成额外的压力；其次，它把对方从当下的感觉，引向未来的预期，而且是从"对自己有什么帮助"这个角度去想问题。而只要这样一想，很自然地就会想到"成长""成熟""一别两宽，各生欢喜"之类的好处。

　　总之，让痛苦的人"不要想太多"，不但不现实，而且会给他带来双重的痛苦。既然免不了总是要想，不如换个方式去想。

这个思路，不但可以用来安慰人，还可以用在诸如子女教育等"需要正视痛苦"的场合。比如说，小孩子玩火被烫伤，这很痛，但同时也是一次很重要的教训经验，没被烫这么一下，你怎么说玩火很危险都没用。所以，你既不要勃然大怒，也不能轻描淡写，而是要让他正视眼前的痛苦，总结经验教训。

＋・延伸思考

　　人们面对痛苦的时候，最容易犯的错误，就是太纠结于眼前所受到的伤害。可是人生很长，如果我们把时间轴放大，往往就会发现，现在伤害作为一种经验，日后是可以对你有所帮助的。请相信，只要愿意这样去看待问题，大多数痛苦，都可以让人学到东西。

　　即使你一时想不到这个痛苦有什么意义，也别着急。因为，首先能认真地这样去想，也就是用几年之后的视角回头看现在，这本身就是一种缓解痛苦的方法。其次，你不妨回想一下，过去的人生经验里，有哪些痛苦曾经给你带来成长，既然那时候可以，为什么觉得这次不行呢？而当你终于能想到的那一刻，这段痛苦的经验，才会彻底停止对你的伤害。这个瞬间，才是真正的看破和放下。

正确的吐槽，必须是"有我"的视角

不带主观因素的客观，
根本不是真正的客观。

○ · 可能遇到的问题

工作的时候，难免有些对老板和同事的负面看法。可是跟朋友吐槽的时候，经常有人会反过来说我是个爱抱怨的人。难道说，真有这种想法的时候，就只能憋着，不能客观公正地讲出来吗？

常见的说法："我的老板，实在是太坏了！"

更好的说法："我的老板，今天对我的态度，跟我预期的不一样。"

? · 为什么要这样说

之前我们讲过，跟亲人或者朋友提要求时，很多人有个误区，那就是害怕从自己的角度讲出自己的感受。他们会习惯性地在对方身上找理由，以论证"你应该如何如何"，而这难免会引起反感。

同样的道理，在表达负面意见的时候，很多人也会因为害怕别人觉得自己"不够客观"，所以上来就直接吐槽，似乎自己反对的现象已经是板上钉钉的客观事实了。而这种"无我"的叙事视角，同样是不正确的。

这是因为，你有那么强烈吐槽冲动的对象，通常都是跟你有密切关系的。你本来就不是个置身事外的人，却偏要装出一副跟你毫不相干的样子，进行斩钉截铁地"客观"评述，又怎么能不引起怀疑呢？听你这样讲话的人，只要稍有社会经验，或是稍作思考，就会觉得你很不靠谱，没有公信力。

就拿吐槽自己的老板来说，如果你直接讲："我的老板太坏了！"就算之后给出了一大堆的论据，听众也可能会觉得，你想说的是老板跟你有冲突，可是讲了半天都没讲到你自己，在这个关系里，你到底扮演了什么角色？是不是做了什么或者说了什么，才导致老板对你另眼相看呢？

所以，你倒不如一开始就把自己的角色代入进去，以"有我"的视角进行叙述。比如这样说："老板对我的态度，跟我预期的不太一样。"就会引申出你对老板的预期、你自己的实际情况、老板是怎么对你的、他这样做应不应该等一系列问题，而这个时候再让听众得出"老板太坏了"这样的结论，他们才会觉得你是客观的，你的吐槽是可信的。

不带主观因素的客观，根本不是真正的客观。只有把自己的角色放进去，告诉对方，你是从什么角度、以什么样的预期、通过什么方法、观察到了什么现象，对方才会觉得，你是客观中立地在叙述这件事情。而你想得出的结论，也会觉得可靠很多。

进一步说，当你要就更为私密的事情表达看法时，就更是需要这种"有我"的视角。比如，如果你想提醒自己的朋友，你们有一个共同的熟人不值得信任。那么，最好别用"别问我是怎么知道的"这样的方式，要么就不说，要说就说透。到底是哪件事情让你觉得他不可信，前因后果要说清楚。这样，对方才不会觉得你是在扣帽子或是报私仇。

更重要的是，在你这样说以后，你和你的朋友才有深入沟通的可能性，他才能继续追问你一些重要的细节。通过你的描述，你的朋友能够完整地了解事情的经过。这时，你的话对他来说就会更有分量。

总之，当我们想吐槽一个对象的时候，都希望表现出客观的样子。但越是这样，就越是不能情绪激烈地直接下结论，因为情绪只不过是你的感受，而你的感受，对于他人来说是没有信息量的。所以，你应该克制这种"无我"的叙事习惯，以"有我"的视角，给他人提供更丰富的信息，让他们自己去得出结论。这样一来，你的意见反而会更具价值，更有公信力。

✚· 延伸思考

思维会被说话的方式影响。当你用"无我"的方式叙事时，你和听众的想法和注意力全都在对象身上，而没有你自己。因此，你的表述是表面和片面的，而且你的听众也只能跟你聊这个对象，话题受到了很大限制。可是，一旦你开始在讲话里代入"有我"的视角，你的叙事就会立体起来，你和听众能聊的东西也会更丰富。

如果你说："这部电影真难看！"你的朋友要么附和，要么反对，话题很难深入。可是如果你说："这部电影跟我想的不一样，也许不是我的菜吧！"那就有很多角度可以跟朋友探讨了。

室友总打扰我休息，怎么办

生活习惯这种东西，
并没有对错之分。

○ · 可能遇到的问题

我是一个住宿舍的大学生，睡觉时对声音和光线异常敏感。我的室友是个"富二代"，特别以自我为中心，作息不规律，时常打扰到我的睡眠。我曾经反映过，没太大改善，但我又不想把话说得太重而得罪同一个屋檐下的人，我该怎么办呢？

常见的说法："你的作息太不规律了，非常影响我休息，能不能拜托你早点睡呢？"

更好的说法："我跟你的生活习惯很不一样，该怎么想办法互相配合跟调整呢？"

？ · 为什么要这样说

"标签"跟"对错"，往往是阻碍沟通最大的绊脚石。因为你一旦开始在意标签跟对错，事情就会陷入非黑即白的冲突之中。既然你非要争个输赢，也就不太可能达成沟通的效果。

比如说，有过集体生活经历的人，大都会遇到"就寝时觉得吵闹"这个问题。可是，对这个问题的界定不一样，你的感觉也会大不相同。假设你的眼睛盯在"我被吵得睡不着觉"这一点上，就会觉得是别人在干扰你。

按这个思路想，你的作息是"正常"的，别人的作息是"不规律"的；你是"安分守己"的，别人是"以自我为中心"的。这么一来，立马就出现了四个标签，而且什么都是你对，对方不管在生活习惯上还是在道德素养上，都是有问题的。你带着这样的成见去跟别人说早点睡，不管自己觉得多客气，都会让人觉得不舒服的。

但是你反过来想想，你的这个想法，一定就是对的吗？有没有可能，这些标签都只不过是你硬加上去的？当你试着把先入为主的东西都去掉，就会发现，很可能并没有什么高高在上的"富二代"，也没有谁是成心跟谁过不去、生活习惯又糟糕的自私鬼。真实的情况，不是谁对谁错，只不过是"作息习惯不一样"而已。有些人睡觉比较挑剔环境，有些人睡觉不太容易被干扰，有些人习惯三四点睡觉，有些人习惯五六点起床，仅此而已。

而如果只是习惯的不同，这就比较容易沟通了，因为你们需要的只是彼此配合而已。但是要注意，如果想让对方配合，你就不能先用负面标签看待对方，也不应该用负面的情绪去揣测、归类对方，让空气里充满火药味。

也就是说，你要提醒自己，没有人特意"吵你睡觉"，只不过是有人"跟你作息习惯不同"而已。晚睡的人固然会干扰早睡的人，可是早睡的人早起的时候，又何尝没有干扰到睡得正香的晚睡者呢？所以，谁也不要以自我为中心，习惯这种东西，通常都跟对错没有关系，只不过是看个人怎样才舒服罢了。

这样一想，你就会发现，即使最终商量出来的结果，是对方"尽量早点睡"，这也不是因为你对他错，所以他要听你的，而是因为这是最简单的"相互协调和配合"的方式。它并不是始于指责，成于争执，终于对方的让步；而是始于彼此承认，成于协商智慧，终于各退一步。

本着这种"协商"的态度，你们完全可以想出更多的对策，比如购买眼罩、耳塞，或者是制订一个有弹性的寝室作息时间表，等等。只要双方都表现出善意而非抱怨，一切事情都是可以商量的。就算最后你们发现，根本没办法解决，只能调换寝室，甚至是有一方搬出去住，这个结果也不会伤害大家的感情，而这才是最重要的事情。

总之，每个人都不太一样，而且这种差异性，大多数时候都不存在对错之分。但是，到了社会上，有个很重要的课题，就是"学会适应"。和室友的作息时间不同，却要生活在同一个屋檐下，其实就是学习适应的功课。不仅要和对方沟通，更要学会跟自己沟通，学会用不带成见的方式想问题，才能用聪明、不引起纠纷的方法，为自己争取利益。

✚·延伸思考

很多人会担心，大家住在同一个屋檐下，如果直接跟室友表达自己的需求，会不会得罪了他，不利于日后的相处？其实，只要你是不带指责地提出协商的请求，这种担心就是多余的。因为此时只是"有不同，要协调"，不存在谁对谁错。而且进一步说，你不愿得罪室友，室友又何尝会希望平白无故地得罪你？你们是谈判时的平等主体，而不是相互指责的对手，这就叫"和而不同"。

不是不喜欢，是"还不知道自己喜欢"

"喜欢"的反面未必是"不喜欢"，
很可能只是"不了解"。

○ · 可能遇到的问题

我想把我的一些爱好介绍给不了解或不喜欢它的人，比如我喜欢京剧，对方却对京剧不感兴趣，这时我该怎么说，才能让他愿意听下去呢？

常见的说法："我知道你不喜欢京剧，但是京剧有很多迷人的地方……"

更好的说法："这世界上有两种人，一种是喜欢京剧的人，一种是还不知道自己喜欢京剧的人。"

? · 为什么要这样说

"喜欢"的另一面，未必是"不喜欢"，很可能只是"不了解"。把人区分成"爱好者"和"反对者"，会限制一个人的视野，阻碍他去了解和体验。

第一季《奇葩大会》曾经邀请到著名的京剧演员王珮瑜老师。她在节目上讲了一句非常漂亮的话："这世界上其实只有两种人，一种是喜欢京剧的人，还有一种是还不知道自己喜欢京剧的人。"

一般人遇到王珮瑜老师的情况，往往会把人区分成"喜欢"或是"不喜欢"。但这种说法，会把话说死，如果不是"喜欢"，就会被归类为"不喜欢"，这会让人自我设限，从而更不愿意去了解、尝试新事物。

而王珮瑜老师的话，之所以精彩，就在于她发现，"喜欢一件事"的对照组，其实是"还不知道自己喜欢"。这种说法，就保留了可能性，为京剧的外行人留下了一个空间，给普通的群众留下一个了解京剧的动机。哪怕只是为了满足好奇心，也得去看看为什么自己"还不知道自己喜欢"。

其实，所谓的"喜欢"，都是接触了事物"好的那一面"。就像爱吃草莓的人，也不是一出生就爱吃草莓的，肯定是因为吃过好吃的草莓，有过美好的体验，才会认定自己喜欢这种水果。

反过来说，所谓的"不喜欢"，其实大多也只是因为"还没有遇到喜欢的"，或者是因为"上次的体验不好"。道理很简单：任何一个被广泛接受的事物，比如某个菜系的美食或者某种文化瑰宝，都有足够的理由被人喜爱。你之所以觉得自己不喜欢，只不过是因为还没有领略它最美好的那一面。

比如说，"我不喜欢西餐"，其实这句话的意思是"我之前去过的那些西餐厅，用餐的体验不好"。因为西餐跟中餐一样，也是博大精深的，大多数人都没有足够的底气说，自己已经尝试了所有西餐，最后得出一个总的结论说"西餐不好吃"。而你只需要点破这一点，就会给人留下"还有好的体验在等待着我"的想象，而这已经足够让人想继续尝试新事物了。

回到京剧的例子，当有人说他不喜欢京剧，这不是京剧的问题，只是那个人错过了的问题。所以王珮瑜老师才会说："如果有还不知道自己喜欢京剧的人，希望给你自己一个机会，走进剧场，去感受京剧的魅力。"确实，也有很多人被王珮瑜老师的这段话打动，进一步去了解，并且真的喜欢上了京剧。

＋‧ 延伸思考

一般来说，我们会把学生分成"成绩好的"跟"成绩差的"，这种说法非常打击后进学生的积极性。其实，你完全可以换个更容易让人接受的说法，加入未来的"可能性"，让这件事看起来更积极。比如，"这世界上有两种学生，一种是成绩好的，一种是还不知道怎么把自己的成绩变好的"。

这不是文过饰非，而是代表着一种更积极的价值观。"还不知道怎么把自己的成绩变好"，跟"成绩差"是不一样的。前者体现出说话者是一个包容和积极的人，后者则是以僵化保守的方式看问题。

需要注意的是，如果想把这个说法的效果发挥到最大，说的人自己必须有足够的底气和自信。毕竟，这种说法是以"过来人"的身份，向"还不知道自己喜欢"的人推荐一件事，如果"过来人"都没有自信，他的分享当然也就没有什么吸引力了。

用心理账户，解决消费观分歧

消费上的观念差异，
往往是因为"心理账户"的不同。

○ · 可能遇到的问题

家里的宠物最近掉毛很严重，我跟爱人都要工作，没时间打扫。我提议请保洁阿姨来打扫，反正也没多少钱，可是另一半却非常不愿意，觉得这笔钱是浪费，我该怎么说服他呢？

常见的说法："请阿姨来打扫也不贵，你怎么这么小气？家里到处都是毛，我们又没时间打扫，你叫我怎么办？"

更好的说法："请阿姨这笔钱呢，属于专门的生活改善基金。你想想，这笔钱跟我们在外面吃饭、唱卡拉 OK、出去旅行之类的开销相比，其实也不算贵。回到家清清爽爽，又不用自己出力，是不是好很多？"

? · 为什么要这样说

三观不同，本来就很容易导致冲突。而一旦涉及钱，想要改变对方的消费观，更是难上加难。所以，更有效的做法，不是争执某一笔钱该花还是不该花，而是要想清楚一个更根本的问题：在对方心中，这笔钱算是什么类别的开销呢？

就以"是否要请保洁阿姨"为例，觉得这笔钱不该花的那一方，之所以觉得这是"额外"的开销，是因为心里的参照物是"一般生活必需品"，比如牙膏、毛巾、水电一类。这样一想，就会觉得多花一份人工钱，是很偷懒也很浪费的行为。

而觉得这钱该花的那一方，之所以会觉得这是"必要"的开销，是因为对这笔钱的归类是"提升生活品质"，对比的是业余消遣，如旅游、度假之类的消费。而相比之下，请保洁阿姨，性价比其实特别高。

所以你看，与其夫妻之间争吵说："你如果不想打扫，那就我来！"而另一方回应："你是在说我懒？算了，你不想出钱，那我自己出！"倒不如回到真正的问题所在——该把这笔钱放在哪个"心理账户"里？

所谓"心理账户"，是心理学上的一个概念。简单来说，是指一个人会把每一笔收入、每一笔开销分配到不同的"账户"，而对待不同的"账户"，他消费的态度也会不同。既然消费观是从小形成且根深蒂固的，那就不用强行改变，只需要调整"心理账户"的归类就可以了。

打个比方，同样是一百块钱，一边是彩票中奖的收入，一边是工作的收入，一般人都会更舍得花中彩票得来的钱，却舍不得花自己的工资，因为后者是自己辛辛苦苦赚来的。同样的道理，有些人认为"吃得好"比"穿得好"更重要，在饮食上花起钱来比较大方，比如经常去餐厅吃饭，做饭用最新鲜的食材，可是他却不怎么买新衣服，你买衣服给他他还会抱怨价格太贵、不值得。对这样的人来说，饮食是他更认可、熟悉的"心理账户"，所以他更能接受跟"吃"有关的开销。

"心理账户"这个概念，也可以解释很多老一辈的人请客吃饭毫不手软，但买起电子产品就会斤斤计较，因为这种开销，是在他过去的生活经验里，并没有体验过的事，乃至于他会认为这是无中生有的开销，非常浪费。对老人家来说，电子产品就是一种心理上的"新形态账户"，是他不能接受的开销。

　　事实上，很多亲人间的观念差异，就是因为对方不能接受"新形态的心理账户"，才会舍不得花钱、舍不得请保洁阿姨。因为在他的人生经验里，从来没有经历过这种开销，一时半刻他没办法接受这种"新形态账户"，所以才会觉得很浪费。

　　理解了对方怎么想，这时候要说服他，就会变得轻松很多。而具体的做法就是，把新的开销纳进一个旧的、安全的、不敏感的心理账户。比如，如果你想说服另一半请保洁阿姨，可以创设一个共同的"生活改善基金"，饮食娱乐的开销都从这个基金里出。并且跟对方约定，基金花完了就不许花了，以免浪费。这样做是为了肯定对方"不浪费"的价值观，让他没什么理由拒绝你。接下来，你只要把"保洁费用"纳进"生活改善基金"，对方就会觉得，同样的钱，比起看电影吃大餐，请保洁好像还挺划算的，他很可能就会接受这笔开销了。

＋・延伸思考

　　"心理账户"这个概念，不只适用于"消费"方面。事实上，我们对于多和少、轻与重的认知，都是在比较中得来的，而比较的对象，就是同一个心理账户里的其他项目。如果你的提议被对方拒绝，很可能是因为它没有放在合适的心理账户里。

第二节

1 秒抓住别人的注意力

注意力是极其有限的资源，想要让别人认真听自己说话、迅速理解自己的意思，你就需要掌握一些特殊的技巧。无论是向别人介绍一个新方案，想得到对方的关注和建议，还是向下属布置工作、向客户推荐新产品，都可以运用到这一节所介绍的几个方法。

用"基础模型"，让对方秒懂你的意思

我们对一个陌生事物的认识，
始于"大致归类"，
而非"精准描述"。

O · 可能遇到的问题

我是一个公司的活动策划，跟同事讨论企划案时，常常觉得他们很难理解我所描述的场景到底是怎样的。我该怎么讲才能让他们快速理解我的想法呢？

常见的说法："这次的活动企划，就是……（讲细节）"

更好的说法："这次的活动企划，类似于你们知道的那个 ××× 活动，主要的相同之处和差异，分别是……"

? · 为什么要这样说

想要迅速让对方理解你的意思，就不要从细节着手，而要从"基础模型"着手。这是因为，我们对一个陌生事物的认识，始于"大致归类"，而非"精准描述"。在帮助对方进行初步的归类和定位之前，直接给细节，反而会让人徒增困惑。

比如说，你自己策划了一个活动，在脑子里过了一遍流程，觉得很清楚了。具体到主题怎么宣传、嘉宾怎么邀请、场地怎么布置，甚至门口的展板怎么摆放，你都胸有成竹。可是这时候，向别人描述你的策划案，要从哪个细节开始呢？如果先说嘉宾，对方可能会问"请得动这些人吗？"如果先介绍主题，对方又会担心"能找来有分量的人物镇住场子吗？"没有整体的认知，任何细节本身带来的问题都比解决的疑惑多。

而且最关键的是，从认知规律来说，没有任何人，能够从细节出发，快速搭建起一个整体的认知。就好比"盲人摸象"，就算你把细节拼凑在一起，别人也不一定知道你描述的到底是什么东西。

可是，如果你一开始就给出"基础模型"，情况就完全不同了。比如，你一开始就讲：我要策划的这个活动，是我们这个细分领域的"达沃斯论坛"。大家立刻就能明白，你是想建立一个长期的、有固定议程有主题的、基于会员准入体系的高端论坛。即使你在很多方面跟"达沃斯论坛"差得很远，至少也可以让大家先有个概念，然后再修修补补、逐渐细化。

要知道，人和人永远都不可能正好处在同一个频道上。你心里清晰明确的观念，在对方听起来却是云里雾里，这是很常见的现象。所以你先别急着灌输自己的新观念，而是要想想别人心里已经有什么旧观念，其中又有哪些可以用来说明你的新观念。对旧观念稍作加工，是让对方秒懂新观念最简单的方法。

举个例子，美国好莱坞的电影编剧，经常要面对一个非常棘手的问题——在电影拍出来之前，先让投资人有个直观的印象。这几乎是不可能的，因为你手里只有剧本，而空口说白话的介绍，很难让人体会电影的氛围。而这时候，他们就会使用"基础模型"这个办法。

比如说，1979年上映的经典恐怖电影《异形》，从剧本上说，是一个以太空为背景、恐怖的、有怪兽的电影。可是单看这些元素，你会想象出什么东西呢？很难说。是像《星际迷航》那样充满未来感的、色彩鲜明的太空风格？还是像《银翼杀手》那样，凸显出末日后的苍凉和荒芜？而这里面的怪兽，应该是《星球大战》里的大毛怪楚巴卡那种？还是《地狱猎犬》里那种三个脑袋、浑身黏液、牙尖齿利的形象呢？只看剧本，实在无法确定。

那么，怎样迅速建立投资人、制作人、导演、演员、服装师、美术设计等人的"共同想象"呢？《异形》的编剧，在介绍剧本的时候是这样说的："什么是《异形》？就是太空版的《大白鲨》！"

这句话一出口，大家马上就对《异形》有了共同的想象。至少会知道，这部电影里的太空不是鲜艳、华丽的亮色调，而应该是像深海一样阴暗、具有压迫感的暗色调。怪兽的设计，应该像大白鲨一样神龙见首不见尾，而剧情的走向，应该也是集中于营造心理恐惧，而非渲染视觉形象上的冲击。这就是"基础模型"的效果——让不熟悉某个概念的人们，立刻产生一种共通的认知。

+ · 延伸思考

使用"基础模型"时，要特别注意，在别人理解了你想传达的大致观念之后，接下来就要强调细节上的区别。这样做，一来是突出你的新意，不跟原型混淆；二来也可以让对方的理解更为精准，避免先入为主的误解。比如，《异型》固然可以说是太空版的《大白鲨》，但是在跟美术设计谈怪物的造型时，一定要强调这毕竟是"太空版"，脑洞得开得更大才行。

另外，如果你想训练这种表达能力，可以和朋友一起玩个小游戏：互相出题，题目可以是电影、游戏、动漫、戏剧，大家试着在最短的时间内找出一个"基础模型"。例如，题目是《西游记》，答案可以是"东方版的《魔戒》"；题目是《暮光之城》，答案可以是"西方版的《聊斋志异》"。

让对方知道"看哪里"，他才知道"怎么办"

你不知道自己是什么角色，
就不知道应该看向哪里。

○ · 可能遇到的问题

我是一个产品经理，每次拿新的提案请同事们帮忙看看时，他们好像都只是随便翻两页，或是给一些无关紧要的意见，我该怎么说，他们才会认真看呢？

常见的说法："这个方案很重要，麻烦大家认真看一看，给我提些意见。"

更好的说法："这个方案很重要，请大家想象一下，你是个特别抠门的财务人员，从成本控制的角度，给这款产品提些意见。"

? · 为什么要这样说

你写的文章、设计的产品、策划的方案，别人提不出什么建设性的意见，未必是他们不认真，很可能只是因为他们不知道自己是以什么身份在看。毕竟每个事物都有很多层面，是复杂的整体，观察者如果没有身份意识，就不知道该选取什么角度、什么标准。而既然不知道应该"看哪里"，当然也就不知道应该"怎么办"。

所以，这时候你需要以"角色推演"的方式，帮助对方集中注意力，产生有价值的观点。具体来说，就是让他们代入某个角色或者场景。

　　以"请人帮你看提案"为例。你到底是希望对方专心看哪个部分呢？是看内容够不够充实，字句够不够通顺？还是看创意够不够新颖，对市场能不能形成冲击？是看操作落实的可能性高不高，还是看有没有停留在纸面上的风险？有这么多角度可看，如果不集中精神，最后就是全部都没办法认真看，当然也就不知道要在哪方面给你提建议了。

　　而当你说"想象你是个抠门的财务人员"时，就相当于给对方设置了一个身份。这时，他就会自然地集中到"成本控制"这个角度去看你的方案。不但态度会更认真，建议也会更靠谱。

　　再举个生活中的例子。很多女生会抱怨，当自己问另一半"你觉得这件衣服／包包／妆容好看吗"的时候，对方总是千篇一律只会说"好看"，感觉有些敷衍。这其实是有点难为人了，因为对方首先是你的伴侣，基本上，他"有义务"觉得你好看。另外，他又不是时尚领域的专家，不可能主动提出有意义的评价。所以你要主动告诉对方，你需要知道的，是"哪个角度或场景"的"好不好看"。

　　比如，跳出伴侣的身份，换成客户的角度、同事的角度、长辈的角度，你可以问："如果你是我的同事，你觉得，我穿这身衣服看起来专业吗？"又或者是："以长辈的角度来看，你觉得我拎这个包，会不会显得不够稳重？"

　　总之，当你需要让别人认真思考，给你有建设性的意见的时候，可以给他设定一个身份。有了角色感，对方才知道该从哪个角度去看问题，知道应该关注什么、给出什么方向上的建议。

+ · 延伸思考

　　人的注意力是有限的，你不能给一个太空泛、范围太广的角色，不然对方还是没办法集中精神。比如，"假如你是老板，会怎样看我的提案"就不是个好问题，因为老板考虑的因素很多，而"抠门的财务人员"在探讨成本问题的时候，就有较好的角色意识。

　　另外，除了你自己设定的角色之外，还可以问问对方："你觉得还可以以哪种身份，从什么角度去看这个问题？"这样往往会有意外之喜，帮助你们更全面、更深入地分析问题。

来条"话尾巴"，让他听懂话里有话

任务交代完毕的时候，
下属心里应该是"逗号"而非"句号"。

○ · 可能遇到的问题

我是一个公司的主管，刚来的新人往往只听到任务字面上的意思，没有理解到他真正的任务是什么。比如我让他把发票交给财务部，是想让他跟进整个报销流程，可他把发票一交就走了，再也没有下文，我该怎么提醒他呢？

常见的说法："请你把发票交给财务部。"

更好的说法："请你把发票交给财务部，至于报销的后续进度，到时候我就问你咯？"

? · 为什么要这样说

在工作状态下，不能指望别人自己去领悟你的言外之意，所以交代任务时，要尽量清楚详尽。然而另一方面，说话太啰唆，反复强调同一件事，不仅会显得不信任对方，还会降低沟通的效率。一个两全其美的办法就是在交代完任务之后，加一个疑问句式的"话尾巴"。

比如前面这个例子，如果你只是说"请把发票交到财务部"，对方很可能交上去就不管了，根本不去想后续进度怎么跟进，很可能中间出现一点小问题没人盯，这笔账就迟迟报不了。而即使你加了一句"这件事情就由你负责"，对方也很可能不明白你所谓的"负责"，范围有多大，包括哪些细节。

这时候你可以加一个疑问句式的"话尾巴"，比如："至于报销的后续进度，到时候我就问你咯？"与陈述句结尾相比，这和问话式的结尾意味着"这件事还没有结束"以及"你应该随时跟我汇报"。

你可以换位思考一下：如果你的领导交代给你一项任务，说"这件事就由你负责"，你的脑子里就会打一个句号，就算再想问点什么（比如责权的限定），也会担心问太多会让领导心烦。可是，如果他说的是"到时候我就问你咯"，那就暗示你是随时可以跟他沟通的，你心里就会出现一个逗号——这件事情才刚刚开始。

所以，为了确保对方不只停留在字面意思上，别忘了在布置任务之后，加一个尾巴："这件事的后续进度，到时候我就问你咯？"对方听到你这么说之后，就不会只是单纯地把发票交给财务部，可能还会顺便问一下财务，核销大概什么时候会搞定，有没有对接人的电话，还缺不缺什么材料，要不要填什么单子之类的问题。中间有任何他搞不懂的地方，也会随时跟你汇报，你就不用担心进度了。

✚·延伸思考

有一种说法是，布置工作的时候要讲五遍，分别是：（1）领导讲一遍；（2）下属复述一遍内容；（3）下属谈自己对工作目的的理解；（4）下属谈自己对可能遇到的困难的预估；（5）下属谈有没有别的代替方案。

如果时间允许的话，这样做当然更加保险。但是日常交代工作，不可能处处都这样费事。一般情况下，加个"话尾巴"，让对方心里打上逗号而非句号，是一种比较高效的方法。

你可能会觉得，明明是对方不理解，为什么要我辛苦地多讲一句话？因为，如果下属没有理解真正的任务是什么，导致事情没办妥，你也得承担连带责任。而且，清晰简洁地布置任务，也是领导力的一部分。只要多花几秒钟，加一句"话尾巴"来调动下属的积极性，也许就可以省掉一个大麻烦，何乐而不为呢？

用"戏剧感"创造惊喜

不以激发好奇心为前提，
再好的故事也出不来效果。

○·可能遇到的问题

我在一个眼镜企业做营销，时常要在发表会上介绍新产品，我觉得自己已经解说得很详尽了，可我的上司还是觉得我介绍得十分无趣，我该怎么办？

常见的说法："大家好，今天我要介绍一种新型眼镜，它解决了我们生活中的一个常见的困扰，那就是眼镜戴久了眼睛会酸……"

更好的说法："你知道吗？戴眼镜的人最常见的抱怨，就是眼镜戴久了，会觉得眼睛发酸。现在想象一下，如果有种眼镜就算戴上一整天，也根本不觉得眼睛有任何负担，是不是很神奇？告诉你，其实你根本不用想象，它已经被发明出来了，就是我手上这副！"

?·为什么要这样说

同样的内容，有的人讲起来索然无味、平淡无奇，但有的人却能讲得荡气回肠，让人惊叹连连。两者的区别，往往在于有没有掌握"创造惊喜"的小秘诀。

比如，同样是介绍一款眼镜，如果按照"做报告"的思路，就是平铺直叙、规规矩矩的。可是，如果按照戏剧化的思路，则是先激起对方的好奇心，再给对方期待感，最后让他有一种恍然大悟的惊喜。这样，对方的心自然就被你紧紧抓住了。

　　这就好比相声里的"抖包袱"，相声演员要先"铺梗"，用一唱一和勾起听众的好奇心，铺得差不多了，再抖出包袱，才会让人大呼过瘾。在说话中，你也可以利用这种陈述方式，达到引人入胜的效果。

　　而且，这种讲话技巧其实一点也不难，主要有以下三个步骤：

　　（1）"你知道吗"——提出某个眼前常见的困扰。

　　（2）"想象一下"——畅想问题已经被解决的美好情景。

　　（3）"其实你不必想象"——这时候，你就可以把你的惊喜抛出来了。

　　连在一起就是：你知道吗？你正面临着某种困境……你想象一下，如果有一种东西，能给你带来超级美妙的体验……其实你不必想象，它就是×××！

　　这个技巧，不仅可以用来介绍商品，写文案时也很有用。举个例子，谁都想有一段"说走就走的旅行"，这样平铺直叙地说，没什么出奇的。可是你应该还记得，之前有个名为"逃离北上广"的活动，在朋友圈疯狂刷屏，它是怎么抓住人们眼球的呢？其实就是利用了"创造惊喜"的小诀窍，把"说走就走的旅行"变成了一个充满戏剧感的故事。

　　这个活动的宣传，大致是这样一个逻辑：（1）你知道吗？每个人心里都有几个一直想去，却一直没去成的地方。（2）想象一下，假如什么都可以不管不顾，现在就去机场，是不是很棒？（3）其实你不必想象，这就是事实！我们已经帮你买好了机票，就在机场等你，赶紧来吧!

　　最后这个惊喜，简直就是挠到了上班族的痒处。但是，如果没有按照这个"创造惊喜"的方式来讲述，宣传语就会变成：'我买了一些机票，请你马上来机场，有机会体验一场免费的旅行。"这种讲法，对人的吸引力就大幅下降了，也不可能造成那么大的轰动。

✦▪ 延伸思考

　　这个技巧的重点，其实是在第一句："你知道吗"这句话作为切入点，需要让你的听众产生共鸣，所以你要提出他们能够切身感受到的困扰。有了共鸣之后，后面的美好想象也就更容易成立，第三步的"创造惊喜"，也就水到渠成了。

第三节

高效讨论决定沟通结果

说话，几乎从来都不是独角戏。而在跟他人探讨问题的时候，我们经常会遇到的难点是：在观点对立时如何避免敌对情绪？怎样提出反对意见才不会被看成是拆台？怎样充分调动对方创造性思考的积极性？怎样了解对方真正想要什么？怎么让自己显得更具权威性和可信度？下面，我们就从几个常见案例出发，看看怎样解决这些问题。

谈话中的稻草人

否定别人的观点，
在对方眼中往往等于否定他本人。

○·可能遇到的问题

在我身边，总有几个观点极端，又喜欢抬杠的朋友。比如，上次有人跟我说"人过三十不学艺"，我只不过回了他一句"可是有时候，人还是要活到老学到老呀"，他就脸红脖子粗地跟我争了起来。遇到这种人，我既不想跟他们吵架，又不想委屈自己，应该怎样表达不一样的看法呢？

常见的说法："我不同意！学习是一辈子的事，活到老学到老！"

更好的说法："我曾经听过一个演讲，那个老师一直强调'终身学习'的重要性，似乎跟你'三十不学艺'的看法不太一样。我很好奇，如果是你听到这个演讲，会怎么回应他呢？"

?·为什么要这样说

生活中，无论是跟朋友交流对某人某事的看法，还是跟同事开会讨论工作，双方的意见出现分歧，都是在所难免的。很多时候，即使分歧很小，如果不注意说话的语气、用词，也会让气氛变得尴尬、紧张，抑或越演越烈，变成一次争吵。

　　这是因为，虽然我们推崇就事论事、对事不对人的行事风格，但事实上，大多数人都有一种本能的倾向，会把自己的意见当成是自我的延伸。所以，当"意见"被否定时，他就会觉得是"自己"被否定了。由此产生的情绪反应，几乎是不可遏制的。不信你回想一下，在你听到"我反对"这三个字的时候，你的情绪反应应该都不是开心的、平静的。

　　因此，反驳对方的观点时，要特别小心。不要让对方觉得是"你这个人，在否定他这个人"，而要尽量显得像是"某个观点，在否定另外一个观点"。想做到这一点，一个行之有效的办法，就是不要自己站在对方的对立面，而是要创造一个"稻草人"，引述别人的观点，来提出反对意见。这样一来，敌对情绪就会大大下降，就算还是有不满，那也是这个"稻草人"去承受。

　　在以上这个例子里，"有位老师讲过终身学习的重要性"就是一个"稻草人"。这个演讲存不存在，并不重要，重要的是你以这个角度来挑战对方的观点，能避免你们之间的直接情绪对立。而敌意通常都是阻碍双方深入探讨问题的罪魁祸首。

　　进一步说，这个做法的妙处在于，至少从表面上看，反对的立场不是来自你，虽然你提出了反对意见，但你并没有表态。所以，一方面对方必须为他的观点提供辩护；另一方面，你是置身事外的，甚至隐隐约约和对方站在了一起。毕竟，你说的是想听听他的回应。

　　这样一来，局势就是："稻草人"站一边，你跟对方站一边。就算对方想发脾气，也是针对"稻草人"，你们之间是没有敌对情绪的。

　　而接下来，就算对方反驳了你提到的这个演讲，你也可以继续利用"稻草人"来发言。比如你可以说："你刚才的讲法有道理，但在那场演讲中，还有一个补充的观点，他是如何如何说的，那你觉得有没有道理呢？"虽然意见的攻防，可能会变得越来越深入，但因为都是利用稻草人在发言，有了这个缓冲地带，场面也不会变得太剑拔弩张了。

最后，对方如果无法反驳"稻草人"的观点，开始言不及义，那也没关系。你可以帮他找个台阶下，主动宣判"稻草人"战败，这样一来话题也就轻松地结束了。对方既没有在你面前丢脸，而你也确认了自己其实是比较有道理的。

当然，这样说，可能会少了一些"自己战胜对方"的快感。但是，讨论和沟通本来就不是逞一时之快。你的观点胜利，其实就等同于你个人已经胜利了。

＋▪ 延伸思考

在任何容易有争议的场合，无论是面对面的讨论，还是网络上的聊天，都可以用"话语中的稻草人"这个技巧。甚至可以特别含糊地说一句"可是有人认为"，然后再提出反对意见，也比直接说"可是我认为你不对"要好太多。

不过，在树立这样一个"稻草人"的时候，要尽量显得中立，甚至要有意显得，你自己是反对这个"稻草人"的。不然，如果对方认为你压根就是在讲自己的观点，或者更糟糕，对方觉得你是在拿别人的权威来压他一头，那就还是容易起争端的。

你一定不想做话题终结者吧

观念的创意，
往往都跟"成熟度"成反比。

○ 可能遇到的问题

我是一个很容易"把天聊死"的人。比如，公司开头脑风暴会，要求大家集思广益，只要我一接话，不管是支持还是反对，气氛就会瞬间冷下来。这到底是怎么回事，我该注意些什么呢？

常见的接话方法："你说的很对 / 不对……我觉得……"

更好的接话方法："你这个想法很有意思……我试着补充一个角度……"

? 为什么要这样说

在大家一起探讨问题的时候，很多看似挑不出毛病的话，其实都是"点子杀手"。也就是说，会让人丧失继续说下去的热情，阻碍进一步进行创造性的思考。最典型的例子，就是在本来应该畅所欲言的头脑风暴会上，有些话会让场面突然降温。

为什么会出现这样的情况呢？主要有以下几个原因：

（1）有些人既想要表现自己，又害怕出错，或者说害怕让自己显得愚蠢，所以会倾向于讲一些不会出错却大而无当的废话、套话、官话，比如"注意细节""狠抓落实"之类。这类意见，毫无建设性，纯粹是想维护个人形象，而实际效果又适得其反。

（2）有些人觉得，既然是自由交流相互讨论，那就得言简意赅，加快节奏。所以他们会快速总结对方的论点，然后转而提出自己的想法。比如："你这个想法很好，不过成本控制是个问题，在这一点上我觉得……"

这种做法的问题在哪儿呢？它适合汇报工作，但是不适合跟人深入探讨问题。因为，当你想要"生产"而非"报告"某个观点的时候，是需要时间让不同的想法激荡出来的。事实上，观念的"创造性"，往往都跟"成熟度"成反比。一开始就无懈可击的创意，往往都是极其无趣的。所以，千万不要着急下论断，太早就开始挑剔创意的"可行性"，你不会知道你扼杀了多少有潜力的想法。

而总结性的"评价"，不管是批评性的还是转折性的，在对话的时候就意味着"终止符"，潜台词是"你说到这里就可以了，接下来换我说"。在头脑风暴式的自由讨论氛围里，要尽可能避免这种打断对方的情况。

（3）与上一条正好相反，还有一种"点子杀手"的问题，是唯唯诺诺，什么都顺承着说，不敢挑战别人的观点。要知道，好的创意，往往来自意见的交换和激荡，纯粹的附和很难催生有意思的想法。所以，在大家一起想点子的时候，一味地顺情说好话，其实是在推卸责任，甚至是在浪费时间。

那么，针对以上三个误区，有没有什么办法能够做到既言之有物，又不打断对方，同时还可以提出自己的新观点呢？有的，那就是先肯定对方的想法"有意思"，再以"补充"的方式提出自己的新角度。

这样做的好处在于，"有意思"既不是在说可行，也不是在说不可行，而是纯粹就"产生创意"这个要求而言，肯定对方是有建设性的。而接下来，你的观点是以"补充一个角度"的形式提出的，既可以挑战对方的观点，从而引发新的思考；也可以提出一个之前大家都没注意到的盲点，让你们的讨论更有现实性；同时还可以新开一个论点，把之前的探讨引向深入。

比如，大家开会讨论"如何降低成本"这个主题。你可以按以上思路说："大家刚才提出的想法，都很有意思。我试着补充一个角度——有没有可能，成本降不下来，是因为规模做不上去呢？以更大的量级跟供应商谈判，很多价格，应该都是可以更优惠的吧？"以这样的表述开头，既提出了新观点，也没有否定他人，不阻碍整个团队继续生产创意。

+ · 延伸思考

"有意思"这三个字，用来接话几乎是万能的。因为它有很大的解释弹性，可以作为一种鼓励，希望对方继续往下说；也可以是一种缓冲，让人有时间思索一下，再去判断这个意见到底有没有价值、是不是提供了某种有用的观点。

就算你完全不同意别人的意见，也可以用"有点意思"开头，然后再用"这让我想到……"把想说的话接上，不着痕迹地反驳对方。比如，在谈成本控制的时候，有人说要裁员，你非常反对这个思路，这时就可以说："你这个想法有点意思，这让我想到，其实除了把人减少，把规模做大，也能让成本降低。"

探知对方的真需求

想要满足客户，
就不能被对方"想象中的需求"误导，
而必须找到他的"真实需求"。

○ · 可能遇到的问题

我的工作是做产品调研，在设计问卷的时候，我该怎么问，才能问出客户真正的需求呢？

常见的说法："请问一下，您对 × × 产品有什么样的需求呢？您希望它有什么样的功能呢？"

更好的说法："请问一下，您在什么状况下，会用到这个产品呢？能描述一下这些场景吗？"

? · 为什么要这样说

好的对话者需要"善解人意"，就是要了解对方的需求。可是很多时候，对方的真实需求是什么，甚至他们自己也不太清楚。比如，消费者对于一个产品，可能有很多想象，但是未必能说出自己真正的需求。如果把这些想象当成了需求，反而是一种误解。

举个例子，索尼在推出 Handycam 系列的数码摄像机之前，曾经花大力气做过市场调查，希望了解普通消费者对于"完美摄像机"

的想象。收集上来的意见，大多是希望摄像机功能要齐全、屏幕要大、要有20倍以上的光学变焦、像素要高、要有防震防抖功能……

根据这些需求，索尼还真的生产出了几乎照顾到所有这些需求的摄像机。无论是像素、光学变焦、屏幕大小还是防抖技术，都是行业内的领头羊。可是，这个系列的摄像机的销量，并没有实现想象中的突破性增长。

而同一时间，市场上有一个全新的产品异军突起。那就是功能极其单一、操作异常简单的GoPro。它的设计理念，跟索尼之前的调研完全背道而驰。只有一个负责录制和暂停的按钮，没有光学变焦，甚至连屏幕都没有，拍的时候根本不知道画面什么样。

很明显，销量说明了一切，这种不强调功能的设计理念，才是切中了客户的"真实需求"。因为普通消费者买摄像机只是为了记录旅游或者派对等活动。与全面而且专业的强悍功能相比，他们更需要的是简单易用、轻巧可靠。

试想一下，全家一起出去玩，你手忙脚乱地摆弄着特别精密复杂的摄像机，试图录下完美的影像，却从旅游的参与者变成了旁观者、记录者，这就本末倒置了。所以说，消费者真正希望的是既能记录影像，又可以忘记摄影机的存在，而这就需要摄像机的体积小巧、操作简单。

可是，这样一种真实的需求，如果你问"你需要什么样的摄像机"是问不出来的。因为这个问题已经限定了必须去想象一台"完美的摄像机"，那当然是功能越多越好，技术越先进越好，甚至讲出一些不切实际的需求。而消费者真正的需求却是"谁在乎摄像机？我们只是想记录影像而已！"

那么，要怎样发掘出这种真实需求呢？很简单，你要问对问题。

不要问"你需要什么样的产品"而要问"你为什么需要这个产品"。这样一来，对方才能去想象自己"真正需要这个产品"的情境，以及在这个情境里的具体需求。

＋▪ 延伸思考

手段从来都不是目的。但是当我们习惯了使用某个手段来实现目的的时候，往往就会一条道走到黑，忘记了还有别的可能。这个时候，想了解对方真正想要的是什么，就不要再用"你需要什么样的 ××"这样表层的提问，继续让他陷入对于手段的执念中，而是要用"你需要 ×× 是因为什么""你在使用 ×× 的场景里有什么感受，遇到过什么样的问题"这样更根本、也更具开放性的问题，让对方跳出思维惯性，深入思考自己的真实需求。

比如，"你需要什么样的牙刷"这个问题，顶多是引导对方在现有牙刷的样子上，去进一步想象它们具备更好的性能、更舒适触感的可能。可是，"你在刷牙的时候常遇到什么问题"这种问法，则是完全开放性的，不可能预计对方的答案是什么。而真正触及消费痛点，可能产生下一个爆款产品的需求，很可能就隐藏在这些千奇百怪的答案里。

不给标准答案，反而更可信

世界上绝大多数的问题，
都没有标准答案。你不假思索地回答，
反而容易让人没有安全感。

○ · 可能遇到的问题

我是一个理财顾问，当客户来问我投资建议时，该怎样回答才能加强我的说服力？

常见的说法："我以这么多年的专业经验向你保证，×× 股票绝对值得买！"

更好的说法："这个问题很复杂，让我想一下……以你的情况，×× 股票应该是可以适当投资的。"

? · 为什么要这样说

一般人认为，在回答提问的时候，为了表现专业性，打消对方的顾虑，就必须反应迅速、信誓旦旦，毫不拖泥带水。这其实是个误区，因为一方面，你在某个领域越是专业，就越了解这个领域的复杂性，知道绝大多数问题其实都是没有标准答案的。另一方面，正因为你是权威，你的意见对别人的决定至关重要，所以你在给答案的时候反而会比较迟疑，这也正是所谓"贵人语迟"的道理。

因此，在没有标准答案的时候，硬要快速给出一个标准答案，反而会让人怀疑你的可信度。对方会觉得，你要么是没有认真考虑，要么就是根本不了解全面的情况。

所以说，除非是那种教科书式的常见提问，或者是解释专有名词，否则在给出建议的时候，不要表现得"不假思索"。最好是请对方给你一点时间思考，停顿一下再回答。这样做，表面上好像你反应比较慢，可是能够表现出你回答的诚意和对问题的深思熟虑。而且，这样说还可以吸引别人的注意力，对方就会开始期待，你会讲出怎样的答案。你回答的时候，他也会听得比较专心。

而且你要知道，这样做，并不是煞有介事地表演。因为即使大致答案是早就在你心里的，适当的迟疑也会多给你一点时间，想一想怎样才可以更加契合对方的情况。

比如，一个见多识广的资深理财顾问，因为见过的人太多，心里已经有了很多模板。所以只要大致知道客户的年龄、工作、家庭情况等因素，就可以飞快地给出一个方案。但是越是这样越要慎重，因为你的重点不是炫耀自己的经验，而是要表现出对客户的重视。就像是一个老到的裁缝，明明一眼就能看出客人穿多大码，可是量体裁衣的时候反而会更加细致，因为这样才能体现出对专业性的尊重。

你比较一下，一个逻辑是："我是专业的，所以你听我的就好。"另一个逻辑是："我是专业的，所以我能看到各种别人看不到的细节，现在请你多跟我交流一下，我来给你更贴心的服务。"前者的态度是"八九不离十，所以听我的准没错"，后者的态度是"我的判断虽然能做到八九不离十，但是我不满足于此，而是会精益求精"。

所以，以理财咨询为例，就算理财顾问心里有大致的方案，甚至是有多年稳赚不赔的成功经验，也还是要有必要的"迟疑"，多问些细节，多给对方讲解一些不可预见的因素，才能更好地让对方感觉到自己的专业性。

✦ · 延伸思考

遇到提问时，可以先区分一下这个问题有没有标准答案。如果有，那直接回答无妨；如果没有，那可以先说"让我先想一下"，停顿一下再回答。

这个原则，不只适用于表现专业上的可信度，甚至在微妙的情感关系里也有用。比如，你的另一半突然问你："你爱我吗？"一般人都会告诉你，想都不要想，应该马上回答"爱！当然爱！"仿佛迟一秒都是罪过。

然而，这不一定是最好的回答。因为万一对方觉得你只是在敷衍他，怎么办？所以，更好的回答是，先深情地看着对方的眼睛，想一想再微笑着说："嗯……我确定我是爱你的。"这个"停顿"的过程，代表你认真去想了，这就证明你不是为了"保命"才赶紧说"爱你"。这样的回答方式，更温暖、更真诚，也更加尊重对方。

如何批评老板

提反对意见，
不一定是"泼冷水"，
你也可以自己调节水温。

○ · 可能遇到的问题

今天开会的时候，老板提出要做 VR 视频，我忍不住说老板的提案既没考虑预算，又没有分析这样做的必要性，完全不可行。当场老板的脸就沉了下来，说我只会泼冷水。当时也没有同事帮我圆场，这真的是我的错吗？如果是我的错，那我该怎么跟老板表达我的不同意见呢？

常见的说法："老板，我觉得您的计划需要的资金太多，而且也没事先做过调研，还要分析一下投入资金后，可以打败什么竞品。所以我觉得，这项计划不是很靠谱。"

更好的说法："我觉得拍 VR 确实很符合潮流，但首先我们得确认一下资金来源是否有保障。而且针对这个产品的必要性现在还没做调研，我们还需要赶紧安排一次调研才行。"

? · 为什么要这样说

我们都听过"不要只会批评，要给建设性的意见"这种说法。但其实二者并没有本质上的差异，同样都是提反对意见，善于表达的人，会把它包装得更像建设性意见；而不善于表达的人，只会直接提出批评。

为什么会这样呢？因为提出一个新的建设性意见，其实就是暗中批评了原来的方案不够好，既然如此，又何须直接去批评呢？这就是"把批评转换成建设性意见"的诀窍。

就拿前面提到的"开会时怼老板"这个例子来说，此时开会的目的不是迅速拍板定案，也不是老板在单方面下达指令。之所以开会，是因为公司遇到了发展方向上的不确定，需要大家集思广益一起解决问题。换句话说，公司需要的是"众人拾柴火焰高"，而你在火苗刚烧起来的时候，迅速地泼上一瓢冷水，不管你的反对意见本身有没有道理，都是在破坏开会的初衷。

换位思考一下，假设你是会上的其他成员，刚提出一个概念或是一个初步的构想，就被斩钉截铁地否决："这提案完全不行。"接下来，你肯定就会越来越意兴阑珊，不愿意提出新意见了。

更何况，如果真的要有一个人去审核大家的意见，那也应该是老板审核下属，不该是下属反过来对老板吹毛求疵。也就是说，老板不是不能怼，但不应该在这种情况下怼，你越觉得自己是仗义执言，僭越职责的过错就越严重。老板会脸黑，还真不是他小肚鸡肠，而是你根本没意识到，你表达不同意见的方法，不只是"扼杀了创意"，而是反过来对老板"下命令"。

而要避免这种状况，就需要把"批评"转化成"建设性意见"。具体做法的第一步，是用你自己更精练的语言重复一遍对原有提案的理解。当你先认真梳理了一遍老板的提案，他至少会觉得你不是抱持"挑骨头"的心态而来，而是抱持着"合作"的心态，老板对你的意见也就更能敞开心胸接受了。更不用说，如果你梳理老板的提案，比老板自己说得更完整、更透彻，这时候要反驳老板，也能增加你的说服力。

第二步的做法，就是把你的"反驳"，包装成"确认一下"。确认的内容，是他之前没有想到的那些因素。比如，比起跟老板说"你这个提案成本上不合适"，以下这种说法让人听起来更舒服："我确认一下，这个提案的成本没问题吧？"

这样一来，你跟老板就不是"对抗"状态，而是在同一条船上，一起面对可能的问题，你只是单纯帮助对方"确认"一下问题而已。就以 VR 提案为例，你可以这样回应："我觉得拍 VR 这个想法是很不错的，但首先我们得确认一下资金的来源是否有保障，然后还要确认一下市场方面是否有需要，所以得安排一次调研。"

这样说，就是暗示老板，其实你很乐意配合，只是站在执行面的立场，你需要确定一下具体的方案。而且说真的，如果原本的提案真的那么不靠谱，它是经不起这样的"确认"的。经过几轮细节上的确认，很可能老板自己就会发现，他也没办法继续推进这个想法。

✛ ▪ 延伸思考

与其用"对抗"的角色逼老板认输，不如采取"合作"的角色，引导老板自己去发现难行之处。就算本质都是在向老板"泼水"，你还是可以靠说法调整水温，决定是对老板"泼冷水"还是"泼温水"。

维护

巩固自身利益

1

谁都知道"话不投机半句多"，谁都知道话语的龃龉往往是人际关系出现的第一丝罅隙。但是，在日常生活中我们总会遇到提要求、争权益、拒绝人等容易"得罪人"的时候。难道就只能妥协退让，否则就要打破融洽的关系吗？当然不是。实际上，越是容易有冲突的地方，越考验你的说话技巧。无论是跟亲密的人开不了口提要求，还是当面拒绝别人很难受；无论是谈判碰壁时的剑拔弩张，还是被人起哄时的脸红脖子粗，只要说对一句话，这些尴尬的场景都有相应的化解之道。你完全可以在不影响人际关系的前提下，好好说话，做一个敢于并且善于维护自己利益的人。

第一节

提要求不等于忍受尴尬

在一个讲人情的社会，想坚定维护自己的立场，并不是一件容易的事。比如，当你想要说"不"的时候，磨不开面子当面拒绝人；当你想要提出要求时，不好意思向哪怕是最亲密的人开口；而当自己被拒绝的时候，又会觉得太过沮丧。其实，掌握正确的表达方法，这些都不是问题。

当面拒绝人，怎样不尴尬

把尴尬释放出来让对方一起承担，
自己就更有勇气下决定了。

○ · 可能遇到的问题

我报了一个健身课程，上了几堂课后，感觉教练不是很专业，想换一个教练试试。但又觉得以后在健身房，还是会跟原来的教练见面，不太好意思开口。我该怎么说，才不会尴尬呢？

常见的说法："我想换一位教练来指导我，可以吗？"或是由于怕尴尬，放弃提出换教练的要求。

更好的说法："教练，不好意思，我想问一下，如果我想试着换别的教练指导的话，你会不会介意呀？"

? · 为什么要这样说

在对话中，有的人会自己承担全部的压力，有的人则会把压力释放出来，跟对方一起承担。

以"希望换教练"为例，你想对健身教练说的是"我不想继续由你来指导"，但是却一直在犹豫要不要开口，因为你担心直接讲会伤人，怕对方会介意。这个时候，你是在独自承担全部的压力。

的确，跟别人提要求或在拒绝别人的时候，我们难免会感到有压力。虽然大多时候，并不是自己理亏，也有权利提出要求或拒绝，可事到临头却偏偏开不了口，好像自己做了什么见不得人的事一样，担心日后相见会尴尬。

　　可是，如果你一直担心尴尬，那就没办法客观地做决定，只能委屈自己。这时候，我们应该把尴尬释放出来，让对方一起承担，自己就能更有勇气做决定了。遇到这种状况，可以使用一个诀窍：把问题掉转角度，去问对方会不会尴尬，也就是让对方去承担一部分尴尬。

　　还是以"换教练"为例，同样的意思你可以这样问对方："如果我换个教练，你会不会介意？"这样说，就是在把自己面对的尴尬转移给对方，让他去面对这种尴尬。

　　这时候，对方如果表示介意，他同样也会害怕让气氛变得尴尬，所以他反而会表现得很大气。而且，问别人"你会不会觉得尴尬／介意"，其实就是在靠问题引导对方，让对方自己解释他为什么不会尴尬／介意。运用这个说话技巧，你就不用为自己的诉求辩解什么了。

　　试想一下，如果你直接表明意愿，跟教练说想换人来教，对方通常会追问背后的原因，并且试图为自己辩解。他可能会追问你对他哪里不满意，有没有什么他能改变的地方，怎么做能让你回心转意等问题。

　　对方的追问会让气氛更尴尬，而且你还不得不回应他，这等于是在逼着你证明对方是不行的、是不好的，才导致你除了换教练没有别的选择。这时候，你可能会为了不把话说得太直白，而编造出一些好听的理由，可是，这会让你越来越不好意思拒绝对方。很多人之所以不好意思提要求或是提拒绝，正是因为事先考虑到这种尴尬。

　　不过，用"更好的说法"——反过来问对方会不会尴尬／介意，你就没必要自己承担压力了。而事实上，把话说开了，自然就觉得没什么好尴尬的了。作为专业的健身教练，对方也知道顾客选择换人是经常发生的事情。

他可能还会安慰你说："不用担心，健身房里换教练是很稀松平常的事。"

这样一来，你反倒是给了他一个机会，去展现自己的专业素养。这时候，你就可以顺势说出自己之前的顾虑了："那太好了，我还担心你会介意这种事呢！是我多虑了。"你越是这样说，对方就越要展现出"一点都不介意"的样子，甚至会主动来缓解你的紧张和压力。

就算对方还是想追问他哪里做得不好，你也可以什么都不解释，而是说："没有没有！我觉得你特别好！我就是想试试别的风格，像你说的，换教练是很正常的事情嘛！"

如果对方还是要纠缠"为什么换人"这个问题，你还可以回到最开始那个问题："抱歉，还是会让你觉得很介意，对不对？"这时候就又轮到对方来解释为什么他不介意了。

以上所说的这种说话技巧，就是把自己面对的情境压力，掉转过来让对方去体验。换位思考一下你就会发现，这种情境压力对双方来说都是一样的。

＋· 延伸思考

很多事情，对方介不介意都在两可之间。只要你表现出"考虑到你可能会介意"这个态度，对方反而就不会介意了，或是至少不会直接表现出介意。所以，与其只是在心里默默地担心对方会介意，不妨把你的担心直接说出来。这样做，既表现了你的体贴，也表现出了你对别人的尊重，更可以缓解你单方面所承受的压力。

比如，催人还钱时可以这样问："如果我要麻烦你把上次借走的一千块钱还给我，会不会让你很介意啊？"这时候，该不好意思的是对方而不是你。如果对方表示介意，你也可以把他的话接过来说："我就是怕你会尴尬，所以之前才一直都不好意思跟你提，但我想，一直不讲也不是个办法吧！"

怎样跟亲密的人提要求

○ · 可能遇到的问题

我希望男朋友每天打一个电话给我，但又不希望对方觉得我太强势，我该怎样跟他提出这个要求，才能让他欣然接受呢？

常见的说法："希望你每天能给我打个电话。"或是"如果你连每天打个电话都做不到，我就不想理你了！"

更好的说法："我好喜欢跟你聊天啊，我每天都会等你打电话来！"

? · 为什么要这样说

我们都会遇到需要向他人提要求的时候，比如希望对方能为你做某件事，或者希望对方能保持一种好行为、好习惯。而对于关系亲密的两个人，怎么拿捏提要求时的分寸感，却不是一件容易的事情。太客气、太正式会显得疏远，太过理所当然又会显得强势，缺乏对别人的体谅。

比如，处在亲密关系中的人，经常会觉得很多事情对方"应该能想到"，而现在"居然要我主动提"，所以在提要求的时候，往往持有一种"是你逼得我不得不开口"的不满。

以"要求另一半每天都打电话"来说，很多人的第一想法是："这难道还需要我提醒吗？每天打个电话很难吗？"甚至等到对方真的打来的时候，也会先说一句："你还知道打电话啊？"结束时也不忘记叮嘱对方明天也要记得打来。

这样说的潜台词其实是"我想要，你不可以不给！你不给，我会很生气！"这是在用负面的情绪去驱动对方。用负面的或否定性的语言来提要求，比如"如果你不这样／继续这样，就会有不好的结果"，不管怎么包装，都是发号施令的态度，没人能够长期忍受这种不平等的关系。

对于以上这种情况，有些人建议多用"撒娇"的方式来提要求。的确，撒娇可以缓和语气，但是比语气更重要的，是你提出要求时候的思路，是负面的还是正面的。否则，不管是娇蛮还是娇嗔，时间久了难免让人觉得需索无度。

而同样的意思，如果用正面的情绪来驱动，效果就完全不一样了。不仅可以增加对方做这件事的意愿，你也更容易开口。具体做法很简单，就是用"给甜头"的方式进行正向激励：当你真心觉得对方这样（或者不这样）做，会给你造成困扰的时候，只要反过来想想，如果情况不是这样，会让你有多开心，然后表达这种开心就可以了。

比如，同样是希望另一半每天打电话来，你可以这样说："我好喜欢跟你聊天，我每天都会等你打电话过来！"这样对方就会知道，单单只是网上聊几句是不够的，你想要的是每天都通电话。更重要的是，这种讲法是在说"如果你做了，我会好开心！"用正面的情绪去驱动对方，那么他自然不会觉得是被要求的，因此也就不会觉得你太强势。

而一旦对方按约定打来电话，你可以先说一句："听到你的声音，心情马上就好起来了！"挂断电话前也可以补一句："好开心有你陪我聊天！"确保在各个环节，通过"给甜头"的方式向对方传达你的正向回馈，这样做对方就会觉得自己是在主动"让你开心"，而不是被动地完成任务以"避免你生气"。这样一来，每天打电话的这个习惯，也就更容易养成并且保持了。

如果你把沟通的重点放在要求本身，比如"别忘了明天再打给我"，你的潜台词其实是"要记得完成你的任务"，这时候对方会觉得是你掌握了主动权，他是被你要求、被你控制，只能被动配合而已。

而如果你的讲法是"如果能听到你的声音，我会好开心"，这是在用正面的情绪去驱动对方。这里最有趣的是，其实你要求他做的事情没什么不同，但是你让他感觉到自己"被需要"，而不是"被要求"甚至"被胁迫"。

进一步说，很多人之所以不肯提要求，是因为脸皮薄不好意思。而如果是靠正面情绪来间接提要求，就会比较轻松地开口了。因为你只是在表达"如果你可以做某事，我会很高兴"。这样说没有强迫性，而且主动权也是在对方手里。与"我要你做某事"相比，你更容易开口提要求，对方也容易接受。

+ ▪ 延伸思考

在没有明确上下级关系的情况下，"提要求"其实都是软性的、间接的。而关系越是亲密，就越不应该以胁迫的方式让对方就范。并且，在亲密关系里，重点从来都不是"提要求"，而是"给甜头"。因为无论如何，对方是希望你开心的。所以你只要表达自己在什么情况下，会因为什么而开心，就能引导对方的行为朝你希望的方向走，不用傻傻等待，不用忍气吞声。"这样做会让我开心"这个逻辑，能让你得到自己想要的东西，也让对方感到快乐和满足。这种互惠的关系，才是健康的关系。

我要你开心，不要你道谢

真正的感谢，
是写在眼睛里的，
不是放在嘴上的。

O · 可能遇到的问题

有人送了我礼物，我该怎样答谢才得体？

常见的说法："太谢谢你了！让你破费真是不好意思！"

更好的说法："哇！这个东西我想要好久了！好开心！"

? · 为什么要这样说

上一篇讲到，跟亲密的人提要求，可以靠"给甜头"的方式，用正面的情绪去驱动对方，激发他保持好行为的意愿。但是，甜头不是随便给都有效，也要讲究方式方法。

很多人误以为，给甜头无非就是道谢。比如说有人送你礼物，你就要郑重其事地说"谢谢"。但其实，这是一个常见的误区——别人送你礼物，多半时候要的不是你的感谢，而是你被打动后开心的样子。与我们通常被教导的相反，直接地表达开心，其实才是最好的道谢。

通常，我们会觉得道谢要郑重其事才好。而郑重的道谢，主要是三层意思：（1）知道你对我好；（2）你本不该这样；（3）我很惶恐，希望能回报。比如在收到礼物的时候说一句："谢谢！让你破费了，真是不好意思！"就同时包含这三点。

然而，送你礼物的人其实没办法分辨，你到底是真心诚意地"谢谢"这份礼物，还是只是行礼如仪。毕竟，"谢谢你"是很普遍的社交词语。对方从"谢谢你"三个字里，也看不出来你到底喜不喜欢这个礼物。

站在对方的角度设想一下，传统的道谢方式虽然给人的感觉很有礼貌，但是也很有可能会增加送礼人的紧张感，因为他得马上接话说："哪里哪里，一点小小的心意而已，我还怕配不上你呢……"这种道谢方式，其实就是在考验两个人的"谦让"技巧。你有义务证明，你自己配不上这么重的礼物；而他得证明，他的礼物配不上你们的情分。

所以说，道谢时的两难是：一方面，"谢谢"这两个字被用得太广泛，单是这么说，其实看不出你有多重视对方的恩惠；另一方面，郑重其事地道谢，又会增加对方做出同样谦逊回应的负担，给欢乐的气氛徒增压力。

而"直接地表达喜悦"就不存在这两个问题，因为这样做既充分表达了你的感谢，又不会让双方陷入互相谦让的尴尬。事实上，不管对方只是想让你开心，还是顺带希望你领他这份情，他都是希望看到你是开心的。所以，与其把"谢谢"挂在嘴边让他听见，倒不如直接挂在眉梢眼角，让他感受到。

因此，相较"谢谢你！让你破费了"，一句"哇！这个东西我想要好久了！好开心"会让送礼的人更满足、更有成就感。

进一步说，接收到对方善意的时候，"表达感谢"还是"表达开心"，其实也是东西方文化的一项差异。东方文化很内敛，无论是收到礼物还是受到赞美，第一反应是"推让"，意思是"你这么做，是因为抬举我"。

从礼貌的角度说，这的确是很客气的，可是正因为我们对什么事都表达感谢，反而让对方不确定我们的"谢谢"是不是真心的。

反观西方文化，"充分地表达欣喜"则是收到礼物后的常见反应。网络上经常可以看到这样的视频，专门剪辑外国小孩子收到礼物后的表现，他们经常是哭得连话都说不好："呜呜呜……妈咪你怎么知道我想要小狗狗……呜呜呜"或是干脆直接开始尖叫，连话都不说了，但你隔着屏幕，也能清楚感觉到他们有多感动、多开心。

这就是西方文化里，面对别人好意的做法——收到礼物，要赶紧拆开，然后很直接地表达自己有多开心，让对方很清楚地感受到，他们的礼物送得很成功。所以，有效地"给甜头"不是表达感谢，而是表达开心，表达你欣喜的情绪。

当然，这并不是说"直接的情绪反应"永远都是最好的选择。但是要注意，用情绪来表达感谢，往往比语言更打动人。善于道谢的人，会让别人感到明明是在给你买东西，却比给自己买东西还开心。

+▪ 延伸思考

如果礼物本身并没有让你开心，也不用伪装。因为你仍然可以针对他的心意，来表达自己的开心。比如说，对方送的生日礼物，你实在挑不出哪里值得夸，也可以说："没想到你还记得我的生日，我真的好开心！"

别害怕被拒绝，对方只是按了"暂停"键

别人当下对你说的"不"，
并不是真正意义上的拒绝，
而很有可能是按下了暂停键。

○ · **可能遇到的问题**

我是一个餐厅服务员，跟客人推销餐后甜点的时候，常常被拒绝。怎么说才能提高我的成功率呢？

常见的说法："真的不尝尝看吗？我们的甜点很好吃哦！"

更好的说法："那我先帮您上菜，甜品单先放这儿，您有需要的时候可以随时告诉我。"

? · **为什么要这样说**

当你请求别人采取某个行动的时候，就意味着他需要有一点或大或小的改变。然而，人在面对改变的时候，很容易趋于保守，只要觉得还有一点疑虑，就会下意识地说"No"——反正先停在这里再说，下一步要怎么办是下一步的事情。

不过，这个"No"只是基于本能，未必是真心想拒绝。所以，当别人这样说的时候，你要先分清楚他们到底是想要"拒绝"你，还是只想要"暂停"。

以推销甜点为例，如果客人没有点甜品，有经验的服务员并不会觉得自己推销失败，也不会因此更加卖力地强调这款甜品的卖点。因为他知道，客人刚刚点完餐还不知道要不要吃甜点，这个时候"No"其实表示"停一停，让我想想"。而你其实已经把"有一份好的甜点在等着"这个念头植入他心里，也就是说这个阶段的目的已经达到了。

一个好的谈判专家，从来都不会害怕别人说"No"，他们会把这理解为"暂停"而非拒绝。谈判并没有结束，而是刚刚开始。反倒是想要在短时间内得到别人的答案，逼着对方说"Yes"，多半都会得到"No"，因为人们通常不愿意仓促地做决定。

这种情况在职场上也经常发生。举例来说，如果你草拟了一个新提案，拿去请老板批准，恰巧这时候他有点忙，随手翻了翻就拒绝了你。一般情况下，你很容易会觉得是提案不够好，然后决定再修改或者重做。但是，别人当下对你说的"不"，并不是真正意义上的拒绝，而很有可能是按下了暂停键。也许只是因为老板来不及仔细思考，但是又不可能当场拍板，于是保险起见他请你"拿回去再想一想"。所以，你其实不必太沮丧，提案被拒未必是你的提案不够好，也许是你留给老板思考的时间太短了，而你正好可以利用这个时间完善自己的方案。

✛ · 延伸思考

在恋爱初期，分清"No"是"拒绝"还是"暂停"，对关系的发展有积极的影响。比如，你邀请喜欢的人约会，饭后你还想再看个电影，可是对方却说"我不太想看"。这到底是拒绝还是暂停呢？很难说，对方可能是不想继续发展这段关系了，但也可能是觉得你们还没那么熟，这段关系进展得太快了一点。

　　所以，你不要马上就开始绝望和失落，完全可以轻松一点，问问对方，如果不看电影能不能去散个步什么的，或者下次可以约在什么时候。如果对方爽快地回应，就说明你们的关系进展得还是挺顺利的，完全不用为这次"暂停"而烦恼。而且，让对方觉得，你是个任何时候都可以按暂停键而又不会生气的人，本身也是情感关系里的加分项。

第二节

眼里有别人才能有自己

主张自己的利益，往往是最难开口的。无论是涉及金钱的谈判，还是涉及权益的投诉，我们都需要一些说话技巧，才能在不跟人直接起冲突的前提下，理直气壮地争取自己想要的东西。

谈判碰壁？你可以试试"拆议题"

双方用自己不是最在乎的选项，
以换取自己很在乎的条件，
这就是谈判中的双赢。

○ · 可能遇到的问题

员工提出要加薪 20％，我担心拒绝会削弱员工工作的积极性，可是预算又确实有限。这时候，应该怎么跟员工谈呢？

常见的说法："预算有限，实在是没办法。"

更好的说法："预算有限，现在加薪不太方便，但是下个季度可以。"或是："加薪不太方便，但是换成奖金可以。"

? · 为什么要这样说

想要成功地谈判，就得具备找到"弹性"的能力。如果没有发现弹性，谈判就会变成一方赢（得到），另一方输（让步）的零和博弈。如果出现"要么你让步，要么我让步"这样的局面，就算你软硬兼施地维护了自己的立场，也难免会给双方未来的合作埋下隐患。

所以，擅长谈判的人有一项必备素质，就是能够在看起来不可撼动的"刚性"立场里，找到那些"弹性"的因素。从既有的条件、筹码中发现越多"弹性"，谈判的空间就越大。在谈判学里，有一个非常核心的观念——"拆议题"，也就是把原有的议题，细分拆解成各个步骤，从中发现可以弹性处理的空间。学会了这项技能，就不会轻易陷入僵局，从而和对方各取所需，皆大欢喜。

假设你是老板或者部门负责人，有员工跑来跟你提加薪，预期的幅度是20％。这时候，如果你没有掌握谈判技巧，那就只有两个选项："答应"还是"不答应"；这笔钱，不是归你，就是归我！

但是，如果你学过谈判就会知道，谈判的目的不是拼个你死我活，而是要找出各种可能性，让双方的利益都能最大化。所以，"要不要答应给员工加薪"，不是一道简单的二选一，不是只有"答应"或"不答应"这两个选项。这个议题本身可以进行细化拆分，变成许多的小议题，提供给双方更多的选项。而在这些选项里，往往就存在着能让双方都满意的可能性。

比如，你可以拆出一个议题，叫"金额"。对你来说，可能帮他加薪没问题，但是一次加20％会破坏行情，所以这次只能先加10％，剩下的以后看绩效再决定。

或者，你也可以拆出一个议题，叫"时机"。可能对你来说，你在意的不是加薪，而是公司"最近"资金比较紧张。下个月加薪不太可行，但是下个季度可以。

又或者，你还可以拆出一个议题，叫"形式"。你在意的可能不是这20％的数额，而是以什么样的形式发放。比如，可不可以把加薪改成奖金。因为之后发不发奖金，是看员工个人的表现，但如果是加薪，就意味着每个月都会固定多一笔支出。

而对于要求加薪的人来说，他重视的议题很可能跟你不一样。他可能不太坚持金额，只要有加薪就很开心。或者，他也不急着要下个月加薪，只是想先得到你加薪的承诺。更有可能的是，他才不关心这笔钱是奖金还是薪水，反正只要收入有增加就行。

正是因为双方重视的议题不一样，所以只要把原本的议题拆解开来，就很可能会找出双方都能够接受的方案。这里的关键就是"把大议题拆小"，拆解出小议题之后你才能发现，哪些事情是你在意，但对方不在意，可以由对方让步的；又有哪些事情是你不在意，对方比较在意，所以应该由你让步的。

说不定大家开诚布公地谈一谈，就会发现员工可以在加薪的时机和形式上让步，而老板可以在金额上加码。像这样，双方用自己不是最在乎的选项，以换取自己很在乎的条件，就是所谓的"双赢"。而"拆议题"这个思路，可以帮我们找到很多原本被忽略的选项，大大地拓展双赢的空间。

✛ ▪ 延伸思考

除了职场，"拆议题"还可以应用在日常生活中，比如销售员与消费者之间常见的谈判情景之一：砍价。比如，一台标价 2500 元的洗衣机，顾客希望你以 2000 元的价格卖给他。这时候，你可以从以下两个议题来着手。

1. "价位"的议题——顾客的预算可能就是 2000 元，那你可以推荐这个价位的其他洗衣机。另外，你可以拆出"品牌"的议题——如果顾客对牌子没有要求，你可以 2000 元卖给他洗衣机，但是要换一个牌子。

2. "交货的方式"——可以 2000 元成交，但是他要自己来取货。类似的议题，你可以拆出更多更细的议题，这样彼此谈判的选项也更多，双方也就更容易达成双赢。

此外，"拆议题"还要讲究拆解的顺序，比如你可以先跟对方谈一些对你不重要的小议题，先对他做出让步、释放出善意。这样一来，轮到对你比较重要的议题，对方做出让步的可能性就会比较大。

如何跟商家投诉

投诉，
不是要逼人屈服，
而只是想请人遵守规定。

○ · 可能遇到的问题

在快餐店买到的汉堡和薯条都是凉的，跟店员理论的时候对方却说味道没有不对。怎么说才能维护自己的权利呢？

常见的说法："这些薯条都凉了，太难吃了。我要退换！"

更好的说法："我想问一下，按照你们的规定，食品退换的标准是什么？"

? · 为什么要这样说

买东西，有时难免会买到瑕疵品；店家承诺好的服务，也可能说到没有做到。产品和服务让人不满意，消费者当然有投诉的权利。不过，在投诉的时候，如果把焦点过于集中在"我不满意"，往往会阻碍你的维权。虽然很多商家都声称"消费者是上帝"，但是到了具体的"投诉"环节，光是"不满意"还不够，消费者需要拿出商家无法抵赖的过硬证据，才更有可能维权成功。

比如，你去一家快餐店用餐，没想到拿到的薯条是软趴趴的、凉的，明显已经放了很久了。这时候，普通人最常见的反应有两种，第一种是指控产品有问题，比如说："这些薯条都凉了，也太难吃了吧！"这种反应，叫"我觉得"。

而第二种，就是指控店员有失职，比如说："你们店有问题！这种薯条也敢卖！"这种反应，叫"你怎么"。这两种反应虽然可以宣泄不满的情绪，但不一定能顺利解决问题。

这是因为，如果你采用"我觉得"的说法，那么争论的焦点，就会集中在你对商品或者服务的个人感觉上，你就有义务跟人论证，为什么你的感觉是正确的。甚至对方可能一口咬定薯条没有不对劲，反而说："大家都没事，为什么只有你这么难搞？"只要是你"个人"的感觉，那就会出现各执一词的情况。

如果你采用了"你怎么"的说法，那争论的焦点会放在店员身上。他会觉得你是想攻击他，因此会采取防卫的姿态。而不管他能不能保持专业性的礼貌，至少你跟他实质上就变成了对立的立场。这样一来，想要请他帮助你挽回损失，就变得更加困难了。

所以，更好的投诉方式，是避开"我觉得"和"你怎么"这两种说法，先直接问对方："你们的标准是什么？"然后再拿对方的标准来进行申诉。比如，在餐厅里你可以先问："按照你们的规定，菜品退换的标准是什么？"在银行大厅里你可以先问："按照你们的规定，顾客有疑问的时候，怎么避免被各个柜台踢皮球呢？"

以换薯条为例，店员可能会告诉你只要顾客不满意都可以退换，这时你就可以接着说："那我必须告诉你，这份薯条我并不满意，请帮我换一份。"事实上，针对顾客经常会遇到的问题，几乎所有大企业都有相应的规定来解决。有些餐饮业是"只要不满意都可无条件退换"，有些服务窗口出台了明确的"首问负责制"，也就是第一个被你问到的人，有义务带你走完全部流程，不能把你推给别人。

当然，每家店的标准可能都不一样，不同的说法、争论的焦点也会不一样。这个维权技巧的关键，就是把争论的焦点，锁定在商家的"标准"上。因为这是他们的标准，不是你的感觉，所以他不会来跟你吵你的感觉准不准；也正因为这是他们公司的标准，不是这个店员定的，所以店员不会认为你是在针对他，那么他更愿意就事论事地跟你协商解决办法。总之，在投诉的时候请记得，不要把焦点放在自己跟店员身上，而是要把焦点放在商家的标准和规定上面。

✚ ▪ 延伸思考

没有人天生喜欢屈从别人。投诉不是要逼人屈服，而只是想请人遵守规定。所以我们没必要和服务人员对立，也不需要盛气凌人压倒对方。不管你事先知不知道他们的规定，都要先问一遍，让他亲口说出来，因为这会强化对方遵守这些规定的意愿。等他介绍了标准以后，再提出你的需求，这时候，你们的对话里既不涉及你，也不涉及他，而是聚焦在标准上，这样，事情就会变得比较简单。

用商家的标准，争取自己的权益

当店家承认自己追求品质，
你就有了争取权益的着力点。

○ · 可能遇到的问题

如果商家没有明确标准，比如街边的小商小贩，这种时候，应该如何跟这样的商家维权呢？

常见的说法："老板，你们卖的面包是坏的，我要退钱。"

更好的说法："老板，你们应该很重视品质吧？"等对方回答你后，你接着再说："这面包都坏了，应该不符合你们重视品质的要求吧，你觉得该怎么办呢？"

? · 为什么要这样说

上一篇讲到可以利用商家的标准来投诉。然而，有些商家的标准比较模糊，甚至根本给不出规定，这时候如果想维权，就要先挖掘出商家的标准。因为当对方承认自己是有标准的时候，你才有了争取权益的着力点。

具体来说，有三种方式可以挖掘出商家的标准，帮你争取权益。第一种方式叫作"普世标准"。你可以跟他说："贵店应该很重视品质吧？""你们应该都希望客人满意吧？"要追求品质、要让客人满意，这是绝大多数商家都约定俗成、共同遵守的标准。

而既然你这样问了，对方十有八九也只好说："对对对，我们很重视品质。"总不成他会说本店不在乎品质、不在乎客人。所以，你第一句话就可以套住他的立场，让他承认他自己应该要负责任，把客人跟品质放在心上。而当他站在这个立场上的时候，往下的事情就比较好谈了。

你甚至可以就地取材，比如很多商家会在店面张贴一些体面的广告语，像是"品质至上""服务至上"之类的，那你就可以说："贵公司追求的，是服务至上没错吧？"如果那是现场就有的标语，商家就更不好推诿了。

第二种挖掘出对方标准的方式是"跟过去比"，也就是把对方过去的水准当成标准。比如你去餐厅吃饭，发现菜太咸或者是分量太少，你就可以跟餐厅服务员说："咱们家的菜，之前没有这么咸啊！""这道菜，以前的分量不是这么少的吧！"这就是拿现在的商品，跟过去做比较。

而这家店过去的水平是不是真的那么好？不一定。可是现在不太好，这却是一定的。你把这家店过去的标准抬得很高，对方是不可能拒绝的，而一旦他承认自己过去很不错，那现在就有了维持口碑的义务。这就是这种说法的妙处——柔性制约。

当然，你有可能并不是这家店的老主顾，不清楚它过去的标准；或者是这家店刚开张，无所谓过去的标准。如果是这样，还有第三种方式来找标准，叫"跟其他人比"——同行是怎么做的，你也该怎么做，这也是一种标准。

比如，你可以跟餐厅服务员说："其他餐厅的这道菜，没有这么咸啊！"或者有很多老江湖会说："这道菜不地道啊！"而这种所谓的"地道"，其实就是同业之间，共同遵守的口味标准。对方违反了同业间的标准，也会有一些压力，这时候你要争取权利也会比较容易。

＋・延伸思考

标准其实是无处不在的，很多都是约定俗成，需要你去发现。举个例子，"追求做更好的自己"，也可以是一种做人的标准。所以，当你对他人有不满、有批评，希望对方能有所提高的时候，也可以通过这种"先确定对方想做得更好，再提出要求"的方式来说话。比如，你不满意下属给你的提案，完全可以鼓励他说："我觉得你是个挺上进的年轻人，我没看错吧？这份提案，真的是你最好的水平吗？"大多时候不用你多言，对方也会主动拿回去再做修改的。

我们要互相亏欠，要不然凭何想念

相互亏欠，
才是平等互惠的亲密关系。

○ · 可能遇到的问题

帮了别人一个大忙，对方对我千恩万谢。我越是说"没关系别放在心上"，他就越是诚惶诚恐，弄得我也很紧张。但是，我也不希望对方真觉得这件事很容易，毕竟我也是费心费力才办好的。那么，怎样能避免这样的尴尬，又能让对方领我这个情呢？

常见的说法："别客气，不用放在心上，只是小事。"

更好的说法："没什么，下次我也要麻烦你。"

? · 为什么要这样说

"知恩图报"和"施恩不图报"都是传统美德，一般的社会规范是，道谢的一方要强调大恩大德，而被道谢的一方要轻描淡写。可是，遇到"施大恩大惠"的情况，被道谢的人如果轻描淡写地跟对方说"别客气，小事而已"，反而会让来道谢的人压力更大。

这是因为，如果只接受恩惠而无法回报，对方会觉得自己欠了一个大人情，这种歉疚感会让人很难受。而且，别人觉得是天大的忙，如果你觉得是不值一提的小事，很可能会让对方自觉低你一等，长久下去你们的关系也会渐行渐远。"升米恩斗米仇"正说明了这种心理机制是存在的。

其实，帮了别人的忙，完全不用陷入这样的尴尬。无论是从减轻对方心理压力的善意出发，还是从建立更亲密的关系的考虑出发，你都可以直接用"下次我也要麻烦你 / 下次轮到我麻烦你"来回应对方的道谢。这样讲更加厚道，也可以减轻对方的压力跟亏欠感。

美国心理学家弗兰克·弗林（Frank Flynn）曾经专门研究过受到帮助者的心态。他发现，如果提供帮助的人在施以援手之后，立刻强调这是一段互惠的关系，那么这些受到帮助的人会觉得自己更受尊重。结果是，他们不但表现出了更强烈的感激之情，而且也让彼此的关系更加亲密。

所以，帮了别人的大忙，别人来道谢的时候与其习惯性地客气几句，倒不如半开玩笑半认真地说："没事，下次轮到我麻烦你！"不然的话，对方一直觉得欠你人情，对你特别客气，日后相处起来难免有些不太自然。

有句老话叫"大恩不言谢"，就是别人帮了你大忙，你不能只是口头上表示感谢，应该要用实际行动来回报对方。但是"大恩不言谢"，其实还可以有另一种解释，就是如果你帮了人家大忙，就不该让人家觉得欠了你好大一个人情，拼命来跟你道谢，你反而要告诉他："没事，下次轮到我麻烦你！"让他知道：不用道谢，我们是平等互惠的。这样他才不会觉得有压力。

而且，"下次轮到我麻烦你"这句话，还有另一个好处——等到你需要他帮忙的时候，你也能够更自然地提出请托。试想一个刚受了你的恩惠的人，听到你顺势提出请求"下次轮到我麻烦你"，对方通常会很大方地直接答应下来。而这恰恰给你下次开口求助做了很好的铺垫。像这种别人无法开口拒绝的情况，心理学家罗伯特·B.西奥迪尼（Robert B. Cialdini）称之为"特权瞬间"。你应该要把握好这个瞬间，让他给出承诺，巩固你们的互惠关系。

✦ · 延伸思考

　　即使你并不期待对方真的会回报你，而是希望对方能感受到被尊重，那也可以用这个说话技巧来强调彼此的互惠关系。举个例子，就好比你在路边，看到有街头艺术家在拉小提琴，你决定掏钱支持他，但是又不希望他觉得你是在施舍，那么你在给他钱的时候可以说一句："你拉得很好听，我觉得很享受。"这样对方听了，会觉得更受尊重，因为你是以"互惠"的方式来处理你们之间的关系。

　　另外，强调"互惠"是基本原则，具体要怎么说可以依照你的个性来调整。比如，你还可以说："我相信，换作是你，你也会这样对我的。"如果你平时就非常豪爽大方的话，你也可以半开玩笑地说："这次是你欠我的，我记在账上咯！"

第三节
学会拒绝才能掌握主动权

人在江湖，之所以身不由己，最重要的原因，是很多情境压力像是套索一样勒得人动弹不得。比如说，老板布置任务，你得服从；朋友有事请求，你得帮忙；别人表达善意，你不能不给面子……甚至是最柔弱的小孩，眼巴巴跟你要玩具的时候，也能让你不得不就范。那么，面对或硬或软的各种人情套索，怎样靠说话来"解套"，该拒绝的时候就拒绝呢？

最好的拒绝，是换个方式接受

善于拒绝的人，
往往也是善于开条件的人。

○· **可能遇到的问题**

平时的工作已经忙不过来了，老板还常常加码，不断布置新任务，我该怎么拒绝这种不近人情的要求呢？

常见的说法："不行啊老板，我手上已经有这么多活儿了，实在没时间弄啊！"

更好的说法："没问题老板！可是您看，我手上已经有这么多活儿了，要保证工作质量和进度的话，我希望您派给我两个帮手，可以吗？"

?· **为什么要这样说**

对于不合理的要求，谁都会想拒绝。但是很多人并没有意识到，所谓的"不合理"，通常都不是"不可能"，而是"缺乏条件"。比如，上司交代的任务看似强人所难，但可能是因为时间或者资源不足，没有办法保质保量地完成。

所以，当你想对这种挑战说"不"的时候，不妨换个角度，用成长性思维来分析——如果这个时候说"是"，需要额外增加什么样的条件。具体的做法，就是从接受老板的要求开始。但是，不是无条件地满足对方所有的要求，而是有条件地接受，也就是以接受工作为筹码，换取更多的资源。

比起直接拒绝老板，让对方觉得你是一个制造困难的人，只要你接受了工作，对老板来说，你就成了想要解决问题的人。而且，你提出的条件，其实就是拒绝了老板原本"又要马儿跑，又要马儿不吃草"的想法。

但是，一旦你提出"要做成这件工作，我需要什么条件"的时候，在老板眼中，你就是一个态度积极，想帮公司解决问题的员工。这时候，你不但不是一个麻烦制造者，老板还会主动配合你的工作，为了让你的工作进行得更顺利，他会考虑是该提供给你更多的资源，还是重新安排这个计划。

当然，有些老板只愿意给任务却从来不肯给资源，在这种情况下，除了争取授权、预算和人力资源之外，你还可以考虑"时间资源"的置换。比如说，老板紧急交给你一项任务，规定必须三天之内完成。这时候，你就可以借机跟老板置换"时间资源"，一边表态说你很乐意临危受命，另一方面，为了保证工作质量，势必需要推延其他任务的截止时间，请老板批准。

如果他交给你的事情真的很紧急，通常老板是不会不答应这个要求的，甚至还会主动增派人手来帮你。结果是，你的工作总量不一定增加，但是在老板眼中的印象，已经是大大加分了。

事实上，如果最开始就一口回绝老板，并不会让你之后的工作更轻松。等你忙完手边的事，还是会有新的工作、新的任务。反倒是通过交换筹码获得资源，你可以在同样的工作负担上，赢得老板更多的赞赏。

＋ · 延伸思考

这种跟老板谈判的技巧，除了可以用来交换工作上的资源，也可以用来交换实质的奖励。比如，你觉得最近加班太多，就可以在老板交代新任务的时候说一句："新任务没问题！只是这阵子忙得乱七八糟，赶完这份工作，您可得答应给我放个假啊！"

只要不涉及原则性的问题，任何拒绝其实都是某种谈判。而既然是谈判，接受与不接受，都不是绝对的而是有条件的。善于拒绝的人，往往也是善于开条件的人。"聪明的拒绝"有这样一种逻辑：以现有的条件我做不到，可是换个条件的话，我想我是可以接受的。

"你是学设计的吗？帮我设计个 logo 吧！"

如果你真的想拒绝，
就不能推托和逃避，
而是要直接消除对方的误解。

○ · 可能遇到的问题

我是一名设计师，很多朋友都叫我帮他们制作图片和海报，但帮了忙之后，我不但得不到酬劳，还得不到对方的重视和感谢，我该如何拒绝这样的要求呢？

常见的说法："不好意思，最近真的没时间。"

更好的说法："不好意思，正因为这是我的专业，所以这个忙，实在没办法随便帮。"

? · 为什么要这样说

很多专业人士，都会陷入被人要求免费帮忙的尴尬。比如，做翻译的人，经常被要求"顺手"翻译些外语资料；做律师的人，经常有人打电话想"稍微"了解一下法律建议。而这些人，事后往往不会想到要支付相应的报酬。

这倒未必因为他们小气——如果是请人搬砖的话，他们应该不会只说一声"谢谢"就完事了。之所以出现这样的情况，是因为人们对某样事物是否值钱的认知，往往都流于表面。有很多劳动的价值，像是医生的专业建议、设计师的设计方案等，它需要花费的时间、人力和物力，不像搬砖那样直观，所以经常被忽略。

甚至外行人会觉得："你不是专业的吗？你只需要动动嘴，给我提些建议就能帮到我，这对你来说丝毫不费力，那我为什么还要付钱呢？"所以，如果你的职业不太容易让人看到你的付出，就特别容易被人占便宜。

因此，如果你真的想拒绝被人占便宜，就要直接消除他对你专业的价值的误解。具体到说话技巧上，你可以先说："正因为这是我的专业，所以这个忙，实在没办法随便帮。"然后再视具体情况来给对方详细解释。

举个例子，台湾的知名相声演员冯翊纲，同时也在大学教课。上课时经常有学生会起哄，让他讲个段子。遇到这种情况，冯翊纲在每个学期的第一堂课开始之前，就会先介绍一个他的原则：老师我是讲相声的，所以上课时我绝对不会讲笑话，因为我一说笑话，你们就得给钱才能听。

他的意思是，讲笑话是我的专业不是我的嗜好。既然是我的专业，我就不能随便乱来，不然就是不敬业了。所以，一旦我讲了笑话就得收钱，不然，不是你们对不起我，是我对不起我的专业。像这样软中带硬的说法，就比冷冰冰的拒绝要好得多。而且学生听完之后，更能感受到专业人士对他专业的自信和尊重。

如果以后有人想请你在专业上免费帮忙，请记住，专业就是要拿来收钱的，不能随便给人。所以，你可以这样跟对方说："对不起，因为这是我的专业，所以如果我不认真做，我对不起你；而如果我认真做了，我对不起我的专业。这个忙，我实在没办法随便帮。"

专业人士要对得起自己的专业，所以不能降低标准帮忙随便做一下了事。专业人士要对得起自己的行业，所以不能免费帮忙坏了行规。专业人士要对自己的价值有自信，不管外行觉得这事有多轻松，该有的价格还是得维持。

+ · 延伸思考

为了拒绝别人不合理的要求，常见的做法是逃避，或是推托说自己很忙。但是，对于专业人士拒绝免费给朋友帮忙，是不合适的。因为当你说自己忙没时间，对方通常就会接一句："没事没事，我对质量没要求，你随便做一下就好……"可是，一旦你相信了"随便做一下就好"这种话，结果做出来效果不好，对方就算没给钱还是会抱怨，甚至会怀疑你能力不行。反过来说，如果你做得很认真，而对方又觉得这不过是你"随便做一下"的，你也会觉得委屈。

如果对方以为他请你做的事，对你来说只是顺手一帮，那么你可以从"专业标准"这个角度去解释，让对方明白经过你手的东西都是你的作品，关系到你的专业形象，所以你不可能随便做事。而如果要按职业标准认真对待，那就得按职业的标准来收费了。把话讲到这个分上，不但维护了你的利益，同时也可以让对方更尊重你的价值。

另外，人际互动是很微妙的，虽然我们很难要求别人来尊重我们的专业，但是，当你表现出"不管你怎么想，我都很尊重我的专业"的时候，就算你拒绝了别人的要求，对方也会觉得"你的专业是值得被尊重的"。

你礼轻情重，我无福消受

为自己画一条防线，
不仅拒绝恶意，也要对会伤人的善意，
坚定地说"不"。

◯ · 可能遇到的问题

我跟堂姐抱怨我工作的城市消费太高，都没存下什么钱，于是堂姐很关心地说要给我寄点衣服过来，让我省点钱。我虽然很感动，但其实我不缺衣服穿，也不太喜欢堂姐的穿衣风格，但她毕竟也是好意，我该怎样婉拒呢？

常见的说法："谢谢堂姐的好意，这怎么好意思呢，真的不用麻烦了！"

更好的说法："谢谢堂姐的好意，堂姐这么为我着想，我真的很感动。但是，我实在不太会搭配衣服，我只会穿特定风格的衣服。你好心送我你的衣服，我根本穿不出去，那我实在会很不好意思！"

? · 为什么要这样说

面对恶意，我们自然而然就会将自己武装起来，以防止被伤害。但是，如果别人是怀着善意而来，那就算这个善意会造成你的困扰，很多人也不知道该如何拒绝。

很多时候，虽然馈赠是出于善意，但收下礼物就代表陷入人情往来的循环，反而是一种困扰。另外，因为有来无往，让接受礼物的一方感觉自己低人一等。而当你觉得对方的善意对你造成困扰的时候，又可能会进一步觉得"对方毕竟是好意，所以我不应该有这样的困扰"，从而陷入更深的困扰。

　　这时候，你需要做一个心理建设，就是培养"自我坚定"（self-assertiveness）的勇气。"自我坚定"是一个心理学上的概念，指的是不管外人怎么看，都对自己有明确的定位，清楚地知道自己要什么，不要什么。自我坚定往往无关对错，而是以你自己的感受为准。所以，你要为自己划一条界线，不仅是拒绝恶意，对于那些会让你觉得不舒服的善意，同样也要坚定地说"不"。

　　当然，既然是好意，就只能"婉拒"。但是，很多人都会陷入一个误区，就是只做到了委婉，却没有拒绝。比如，在拒绝的时候说："不好意思让您破费啦！这怎么能行呢？真的不用了！"这样说，对方当然分不清楚是真拒绝，还是纯粹的社交辞令，最后很可能会把你的客套当成笑纳。

　　其实，如果想要明确拒绝，又同时给对方留个台阶，你可以先感谢对方的好意，再说明自己无福消受，这礼物对你来说其实是个累赘。送礼的人，他们的心态其实非常微妙，很多时候，他们希望得到的只是一种心理的满足感。其实不一定要收下礼物，只要你表达了感激，他们就会很开心了。所以，第一步要先安抚一下对方，表达你的感谢。

　　接下来，则是要明确指出这个礼物并不适合你。你需要明白地表达，对方的好意会造成你的不便。如果怕伤到对方，这里有个小技巧，就是把责任拉到自己头上——承受不起这份礼物，是我自己的问题，是我无福消受，并不是你送的礼物不好。

"无福消受"这个说法很妙，意思是："你送的礼物很棒，但是我配不上，硬要塞给我，一定会造成困扰，你也不希望这样吧？"你把球踢回给对方，人家也就不会有什么理由逼你了。

具体来说，如果要回绝堂姐说你不需要她的衣服，这旦要强调是自己穿衣风格很固定，不是她送的衣服不好，是你没办法好好搭配，只能无福消受她的好意。这样一来，不仅能明白地拒绝，也不会伤害对方。

+ ▪ 延伸思考

如果对方是真心对你好，你更应该坚定自我，表达你的立场。否则，想对你好的人最后造成了你的困扰，久而久之你必然会把他当成麻烦，甚至会心生怨怼。这样不管是对你还是对他，都是很可惜的事情。

拒绝请客的正确打开方式，认真你就输了

请客这回事，
是一种人情，
而人情是不能被逼的。

○ · 可能遇到的问题

我在同学里算是混得比较好的，每次同学聚会，总会有人怂恿说："你是老板，你得埋单！"我想拒绝，但是又不想伤大家的情面，该怎么说呢？

常见的说法："我算什么老板啊，这个月手头有点紧，等下次吧！"

更好的说法："可以啊，那你下次要请我吃什么呢？请我吃法国大餐吗？"或是："今天吃这么点东西就叫我请客，太不给我面子了！不请！"

? · 为什么要这样说

请客这回事，是一种人情，而人情是不能被逼的。如果你是主动去埋单，那么大家会感谢你；可是如果是被大家怂恿才埋单，那这个请客的人情就没了，到时候明明付了钱，局势却变成"你不请就是不给面子"，这样就不对了。所以，你如果不好意思拒绝请客，往往会既空了荷包，也没人领你的情，可谓赔了夫人又折兵。

其实，当别人起哄怂恿你请客的时候，最好的应对就是"别当真"。你可以把这当成是饭桌上开玩笑的一种方式，既然对方可以起哄，你也可以起哄。既然都是玩笑话，那不管是答应还是拒绝，当然就都不伤感情了。

比如，遇到起哄，你可以拿"起哄"本身开涮，也就是把这话当成玩笑来回应："可以啊，那你下次要请我吃什么呢？请我吃法国大餐吗？还是请我去米其林餐厅吃呢？"这样一来，很可能大家哈哈一笑，事情就过去了。

另外，你自己也可以主动出击，用一些听起来荒唐的理由，让这件事变得更像玩笑，理由越荒谬越有效。比如你可以说："今天吃这么点东西，就叫我请客，太不给我面子了！不请！"你也可以说："我是老板、我是有钱人，有钱人就是任性！所以我说不请，就是不请！"

如果不想单纯起哄，也可以起哄其他老同学，顺便回忆当年的情谊。比如说："我今天可以请客，可是下一次就应该换班长请客啦！篮球队长也别想逃，班花也要准备好请客哈！"

你可能会觉得这些理由根本不算理由，但这些不算理由的理由，在这种场合反而合适。别人瞎起哄，那你也凑热闹就好。认真想个理由出来，说这个月手头有点紧，反而有点扫兴。

这里的关键不是"说什么"，而是"以什么态度说"。如果是以开玩笑性质的"斗嘴"的态度，说什么都不会伤感情的。进一步说，正因为是同学聚会，气氛越轻松越好，开玩笑才是正常的。

当然，如果你不想开那么多玩笑，而是想要把心里的话传达给大家，那你可以很轻松、也很诚恳地告诉大家："大家都是老同学了，老同学面前，哪有什么老板啊！"话讲到这里，应该就没有人会再逼你请客了。

＋▪延伸思考

　　很多时候，别人说话都是半开玩笑半认真。你如果当成玩笑，那就是玩笑；可是如果你觉得困扰，那就应了那句话——"认真你就输了"。

　　除非你实在是个不会开玩笑的人，否则不推荐使用"老同学之间，没有什么老板不老板的"这种说法。因为，如果你不是个公认的忠厚老实、喜欢推心置腹的人，这么说，别人很可能腹诽："开个玩笑而已，他还真拿自己当老板了。"

拒绝孩子，从说出你的"舍不得"开始

很多父母会因为自己"负担不起"，
反过来指责孩子"不应索取"。

○·可能遇到的问题

孩子总是想买新玩具，拒绝的话，他就会又哭又闹，我该怎么说，才能让他接受不能一直买新玩具这个事实呢？

常见的说法："唉！每次带你出来都吵着要买玩具！上个月不是才买给你了吗？这么快就又想要新玩具，真是受不了！"

更好的说法："我知道你很想要，是我的话我也想要。但是价格实在有点贵，爸妈真的舍不得。咱们想想办法，有没有可能先借别人的来玩，好不好？"

?·为什么要这样说

很多父母会因为自己"负担不起"，反过来指责孩子"不应索取"。为了避免愧疚而迁怒于人，不仅会伤害亲子关系，更会造成孩子心理的扭曲。

比如小孩想买玩具，爸妈心里觉得浪费、舍不得，但说出口就变成："上个月不是才买给你了吗？每次都这么快又想要，你这样喜新厌旧，实在太浪费钱了！"

爸妈这样说，是把愧疚感转移到孩子身上，让孩子觉得："我提出要求，是不应该的；我说出自己想要的东西，是不对的。"孩子会持续感受到"提要求的罪恶感"，害怕提出要求。等到有一天，他真正需要帮助的时候，孩子很可能会因为害怕太麻烦别人，或是害怕被认为太自私，而不敢求助。

而孩子这种错误的观念，则是来自爸妈另一种错误的观念：他们觉得"舍不得给孩子买东西"是错的、是有问题的，好像不能满足孩子，就是自己的无能或者自私。如果被孩子发现父母自己在满足欲望，那就会很羞愧。而正是因为爸妈想逃避这种愧疚和罪恶感，才在无意间把孩子当作代罪羔羊。

事实上，不管是孩子或是父母，"有欲望"都不是一件错事。孩子想要买新玩具，这个需求很正常。妈妈想要买一条新裙子或是爸爸想要多看场电影，这也很正常。而想要的事无穷无尽，肯定不是每个欲望都能被满足。换句话说，"无法满足别人的欲望"也不是一件错事。

所以，既然每个人都没错，作为父母就既不要觉得有罪恶感，也不要指责孩子有欲望。父母完全可以大方地向孩子坦陈："我知道你很想要，但是价格实在有点贵，我真的有点舍不得。咱们看看有没有办法找人借来玩好吗？"这句话同时表达了三个关键信息：（1）你的欲求是合理的；（2）我不能满足你也是合理的；（3）我们可以一起面对问题。

再举个例子。经常有爸妈遇到这样一种情况：孩子想学钢琴，但是看起来没什么天分，想劝他放弃又不知道怎么说。其实，真正困扰父母的不是孩子没天分，而是学钢琴的成本太高。想象一下，如果学钢琴是免费的，或是换成口琴，也不用请人来教，应该没几个父母会在意天分的问题了。

因此，与其跟孩子说："只要你有天分，花再多钱家里也会支持你学下去，但是你的表现真的不是很好，我们别学了。"倒不如直接承认："学钢琴很贵，家里并不宽裕，可能负担不起你的学费。"当然，孩子听到之后可能还是会哭闹，但他也必须学会这个重要的人生课题——体谅别人的不足。

孩子需要知道，他确实可以有欲望，但不是他想要就一定能得到。孩子也必须了解，别人有别人的极限，他不能因为需求没有被满足，就觉得生气、不满。就像他有欲求很正常一样，对方没有能力满足他，这也很正常。

✦▪ 延伸思考

向孩子坦陈真相，能够让亲子关系更密切，让家庭更团结。这是因为，如果爸妈用"你要求太多""你没有天分"为由拒绝孩子，那就是站在了子女的对立面。但如果你是说"家里实在没有钱，负担不起"，这就不是某一个人的问题，而是整个家庭要作为整体去面对的问题。孩子作为家里的一分子，自然会跟父母站在同一边。

你可以告诉孩子："我也觉得学音乐很棒，那我们一起来思考一下，有没有更便宜的学习方法？"让孩子跟你一起解决问题。解决的方法，可以是买一些书自己研究，也可以是全家人一起存钱，等之后再请老师来教。就算没有找到好的解决方式，也会收获"一起解决问题的亲密感"。

拉近

促进人际关系

很多人都有这样的苦恼：越是跟亲近的人，越不知道怎么好好说话。其实这一点都不奇怪，因为我们跟陌生人或者关系一般的熟人之间，始终隔着一定的心理距离，相应的社交规范也比较明确，反而可以不那么走心，就能进行礼貌的交流

可是，亲人或朋友之间，由于大家自然会觉得"我们要心贴心，不能太冷淡"，所以在说话的时候，通常对方的预期会更高、规则会更模糊、你也更容易不经意间冷落了别人的心。爱之深、责之切，而之所以说"亲密的关系最容易伤人"，道理也就在这里。那么，跟亲近的人好好说话，有哪些更高的要求，有哪些特别需要注意的地方呢？本章将对日常聊天、安抚情绪、亲密互动这三个场景进行分析。

第一节

"会聊天"不靠信息，靠情绪

当我们想跟别人走得更近时，反而会遇到一大堆麻烦：选什么话题，最能拉近心理距离？想聊到比较私密的事，会不会引起反感？对方跟我提到一个话题，到底是想听我说还是自己想显摆？真心欣赏对方，怎样不被当成泛泛之交？……其实没必要患得患失，只要掌握几个技巧就好。

聊八卦的正确方式

聊八卦，
本身不是一个问题，
但打听八卦会出问题。

○ · 可能遇到的问题

过年亲人团聚，我想关心一下表弟、表妹们的感情问题，但我也知道，他们未必喜欢被人询问隐私。有没有什么方法，可以既不让他们感到被冒犯，又能聊到这个比较私密的话题呢？

常见的说法："最近有没有交女朋友啊？没有的话赶快找一个啊！"

更好的说法："一年没见都长这么帅啦！我是不会问你有没有交女朋友的，除非你想聊聊，跟大家炫耀一下。"

? · 为什么要这样说

"聊八卦"本身不是一个问题，因为这是一种促进关系的方式。会出问题的，基本上都是因为掌握不好尺度，打听到对方不想说的隐私，触碰到了对方的雷区。

但是，除非对方主动表示过哪些话题是不能聊的，不然你很难预估他的底线。如果不知道对方的底线在哪儿，在聊八卦之前，就需要一句"问路石"给话题排雷——投石问路，了解一下对方对这个话题是否敏感。

比如，询问他人的感情状况的时候，通常的问法是："你有女朋友吗？"这样问，会给人两个感觉：（1）你是专门来问这件事的；（2）你没有给我留余地。所以这句话说出口，就像是在赌博，赌对方不会介意。

有人喜欢随时秀恩爱，也有人对情感话题讳莫如深。如果赌赢了那自然是皆大欢喜，可是如果赌输了，对方很介意你打听他的隐私，那么这件事会变成你们关系中的一个芥蒂，从而疏远彼此的感情。

而使用"问路石"的优势，就在于它更保险。比起直接问对方有没有谈恋爱，你先投石问路地表示"我是不会问你的"，就可以给自己创造一个进可攻、退可守的语境：如果对方乐意分享，那这句话就可以作为一个引子，引导对方开始讲自己的事；如果对方并不愿意讲，这句话也给他留下了足够的"余地"——虽然你问了，但是说不说完全由对方决定，你没有任何强迫的意思。他只需要冷处理或者不正面回答你，你就能了解他的意思，场面也不会尴尬。

然后再表示你的关心："我不会打听这种事，但是如果你想讲，我是很乐意听的。"这样说，就是把"问答"变成了"分享"，让对方感觉主动权在自己手里。这样一来，你就创造了一种进退皆宜的语境。如果对方乐意分享，你们就开启了一个愉快的八卦话题；如果对方不愿意讲，你也给了他拒绝你的空间，你们可以换一个话题。

更何况，人很有意思，你越是逼问，他就越不愿意说；相反，你表现得若无其事，对方反而会更愿意主动分享。换句话说，如果你故意表现得"我不是很好奇，你不一定要回答"，反而会增加对方主动分享的概率。

就算最终对方不愿意分享他的情况，你光是表示"我不会逼问你……但如果你想聊，我也很愿意听"，就已经传达出你的关心和体贴了。就算不依靠聊八卦或自我揭露来促进彼此的关系，只要给对方留下好印象，其实就是一种慢慢拉近距离的方法。

+ ▪ 延伸思考

其实，很多事情，能聊不能聊，都在两可之间。聊天的方向可以完全不变，只要换个说法，表明自己不是抱着打探隐私的态度，就能把那些吃不准能不能聊的话题，变成拉近你们关系的契机。

比如，你看到朋友最近情绪不佳，但又不是很确定他愿不愿意跟你说心事，你就可以用"我不会打听，但乐于倾听"这种投石问路的技巧，表示关心："看你最近好像心情不是很好，我不会问你发生了什么，但如果你想找人聊天，我随时愿意当听众。"多试几次你就会发现，只要你表达的是关心，而非八卦别人隐私的欲望，对方敞开心扉的可能性就会大大增加。

选什么话题，最能跟人拉近距离

比起正面的事，
聊负面的事更容易让人有共鸣。

O · 可能遇到的问题

和别人聊天的时候，我会很容易没有话题，一会儿就冷场了。到底应该如何挑选话题，才能跟对方越聊越热络呢？

常见的说法：选择聊"特别"的话题。比如："我最近喜欢上了古典乐，特别喜欢 ×× 音乐家的作品！"

更好的说法：寻找共鸣感最强的话题。比如："我老公什么都不错，就是回家衣服都乱丢，真是让人受不了！"

? · 为什么要这样说

很多人以为，能否维持聊天时热络的气氛，取决于"话题本身精彩不精彩"，所以他们在聊天的时候喜欢讲耸动的、难得的、特别的话题。但事实上，能激发别人聊天欲望的往往不是"话题的精彩性"，而是"话题的共鸣度"。

日本著名的节目制作人美浓部达宏曾经提到过，如果想要跟任何人都有话聊，有五种话题可供选择，刚好堆成了一座"能够引起共鸣的话题金字塔"。从最低层到最高层依次是"家庭""学校""饮食""工作"和"艺术"（泛指音乐、影视、书籍、绘画等各类作品）。

在这五层里，越接近底层，话题就越普遍，寻找共鸣就越容易。越往上层走，话题越进阶，共鸣就相对弱一些，而"触礁"的可能性则会变大。比如说，喜欢贝多芬的不一定能跟喜欢莫扎特的聊到一起，搞金融的很难跟搞艺术的有共同气质。

但是，伴侣有什么让自己受不了的习惯，上学的时候有哪些难忘的回忆，附近有什么值得推荐的餐厅……这些话题基本都能引发共鸣，让大家都参与进来一起聊。所以，当你不知道聊什么的时候，不妨按照"家庭—学校—饮食—工作—艺术"这个顺序找找话题。

不过，很多人会有个误区，那就是把"找共鸣"当成了"找认同"。结果是这个话题虽然可以聊，但是"聊不开"，也就是缺乏延展性。比如，如果你说到一件事，对方只是接一句"是哦"，那接下来可能就没话说了。

就像同样是聊天气，英国人却乐此不疲，因为英国的天气是以阴晴不定著称的，他们可以从"明天会不会下雨"聊到"全球变暖对北大西洋暖流的影响"，每个人都有自己的看法和预测，聊起来充满变数和趣味，这就是所谓的"延展性强"。可是，如果对方所在的城市四季如春，"天气"就不是个可以延伸的话题。

所以，如果你追求的是迅速跟人拉近关系，甚至是成为知己，除了通过"话题金字塔"找话题，还可以搭配使用一个小技巧：从生活中的共同困扰聊起，追求负向共鸣。比起聊双方都喜欢的事情或双方都讨厌的事情，共鸣会更加强烈，这在心理学上被称为"负面优先效应"。

如果你在网上看到两篇文章，分别是《比尔·盖茨最爱去的三个餐厅》跟《比尔·盖茨最讨厌去的三个餐厅》，绝大部分的人会优先选择看《比尔·盖茨最讨厌去的三个餐厅》，想知道这些餐厅到底是怎么得罪世界首富了，这就是因为我们对负面的信息会更加敏感。

在日常生活中，天气、交通和职场，都是大家特别喜欢吐槽的：很少有人认为自己所住的城市天气宜人、交通便利从不堵车、同事完美无可挑剔。"负面优先效应"用得好，很容易打开对方的话匣子。

总的来说，结合聊天的"话题金字塔"以及"负面优先效应"，较容易引起共鸣同时也让话题具有延展性的主题是：（1）让自己受不了的地方；（2）学校里的糟心事；（3）不喜欢的食物；（4）工作上的烦心事；（5）接受不了的艺术。除了这五种话题，你还可以按照这个思路去寻找更多主题，通过无伤大雅的共同吐槽，来拉近与对方之间的关系。

✛ ▪ 延伸思考

这个技巧不只适用于聊天时跟人拉近距离，只要你想抓住别人眼球、想让别人产生强烈共鸣，都可以利用"负面优先效应"，用大家讨厌的事做主轴。

但是，从不喜欢的东西说起，如果双方刚好价值观不同，也可能会造成比较大的冲突。所以，如果只是泛泛之交，最好还是从"大家都喜欢"的事聊起。毕竟，你得在"聊得深入"和"绝不出错"之间做出取舍。

小心！别做"话题小偷"

有时别人只想让我们做听众，
我们却误以为他在寻求共鸣。

○·可能遇到的问题

我是个特别健谈的人，经历也比较丰富。别人说什么我都能接得上话，这不是挺好吗？可是经常有人说我喜欢抢话，我听到之后很委屈，我明明只是想参与分享，他们为什么会觉得我是在抢话呢？

常见的说法："你推荐的这家餐厅我知道！味道确实很好，我吃过他家的 ×× 菜……"

更好的说法：不做正面回答，而是倾听和询问。

?·为什么要这样说

上一篇讲到，我们在跟人聊天的时候，主动选择让对方有共鸣的话题，是非常重要的。不过在有些情况下，对方跟我们聊到一个话题，目的并不是寻求共鸣，而是希望我们做他的听众。

这个时候，如果你本着"问一答十"或者"知无不言"的态度，积极地分享你的所见所闻，就是在不知不觉中窃取对方的话题，破坏对方当主角的意图，成了一个"话题小偷"，而这是聊天中的大忌。

比如，同事兴致勃勃地想分享他的新发现："我最近发现一家餐厅，就在公司旁边，甜点特别好吃！"结果你突然接口说："对对对！那家我知道！我上星期才去吃过，我觉得柠檬蛋糕最好吃了！"遇到这种情况，对方不但会觉得不愉快，而且还没办法发作，因为表面上你是接着他的话说下去的，似乎是在帮腔。可是，实际上你却喧宾夺主，偷偷将属于他的话题变成了属于你的话题。像这种接话方式，就称为"话题小偷"。

　　当然，你不一定是故意的。毕竟有些话题正好是你非常熟悉或很感兴趣的领域，你有很多有价值的东西可以分享。可越是这样，你越要先停下来确认对方到底是想让谁当主角，否则，对方提出一个话题，本来是想分享自己某个发现或是特别的经历，你却让他觉得他的体悟不值一提甚至是班门弄斧，他便无法好好享受跟你的聊天了。

　　当有人说："你知道公司附近最好吃的蛋糕店是哪一家吗？"这时候你就要注意了，他这句话虽然听起来是个问句，但他可能根本就没有询问的意思，而是一个想开启话题的信号弹。

　　要避免成为扫兴的"话题小偷"，你就得认真观察一下，对方是想询问还是想分享。如果对方是有一搭没一搭地闲聊，或是用请教的语气向你提问，那他多半是在询问，所以这个话题的主角可以是你。

　　可是，如果他眼里放光，兴奋地说："你知道附近最好吃的甜品店是哪一家吗？"那他这时候的期待，就不是由你来分享经验，而是听他来分享他的经验。这句话真正的意思是："关于甜品的话题，你准备好做我的听众了吗？"

　　如果你正确解读了他的信号，那恰当的回应方式不是正面回答问题，而是倾听和询问。比如你可以说："是哪一家店啊？"或者说："怎么？你有什么特别推荐的吗？"其实，你提的这些问题本身不重要，重要的是借这些问题来展示你的立场：我已经准备好做你的听众了。这样一来，对方就可以充分展开他的话题，聊起来自然就很尽兴了。

再举个例子，假如你的一个朋友突然提起："你去过北欧吗？"这时候你应该先分析一下他的心态。他的目的既有可能是咨询一下旅游小贴士，也有可能是刚去过，所以想跟你分享这段独特的经历。而不管你去没去过，都可以跟一句："（没）去过呀，怎么了？"而这时候，你就可以通过对方的回应，来判断他的真实意图了。

假如对方说："我刚从北欧旅行回来！"很明显这时候他希望自己是主角，你就应该表现出倾听和询问的态度，让他知道你已经准备好要成为他的听众了。就算你其实也去过北欧，甚至很熟悉，也没必要一开始就跟他争夺主角的位置。毕竟这是对方开启的话题，等他讲尽兴了，你再分享自己的经历也不晚。

总之，聊天的时候，要保持敏锐，时时都要判断对方传达的信号，到底是希望你做听众，还是在寻求共鸣，希望你们彼此多交流？如果他想主讲，你却以为他要交流，就会扫了他的兴；反过来，如果他是想交流，你却唯唯诺诺、不想多讲，那也会冷场。

✚ · 延伸思考

有些特别普遍的话题，比如"你喜欢吃什么""你业余时间喜欢做什么""你喜欢读什么小说"等，对方很可能是为了跟你多交流，所以你不用担心变成"话题小偷"，可以放心分享自己的经历和观点。

比如，朋友问你："你有看过金庸的小说吗？写得好精彩！"分析一下他的心态就知道：金庸的小说非常普及，有读过金庸，算不上是什么独特的经历。除非对方从来不看小说，认为看小说是件奇闻，很值得大谈特谈，否则他这样讲，应该不是想当主角主导话题　而只是想跟其他读者交流一下而已。

落差赞美法

夸人的话说不到对方心里去，
是因为对方分辨不出来你是不是真心的。

○ · 可能遇到的问题

有时候，我明明已经非常真心诚意地大力夸奖别人了，可对方似乎也没什么反应，觉得我只是客套。我该怎么说，才能让我的称赞显得更走心呢？

常见的说法："你真的真的好厉害啊！"

正确的说法："坦白说，我以前一直以为你 ×××（坦陈你对对方的刻板印象），现在才发现你那么厉害！"

? · 为什么要这样说

有时候，你真心诚意的赞美，对方听了好像也没有特别开心，没把你的赞美当真。这很可能是因为平时客套话听多了，你的真心也被他当作了场面话。真心却被当成客套，实在很令人沮丧。要避免这种遗憾，你可以使用"落差赞美法"，让你的赞美，真正夸到别人的心里头。

举个例子，同事带了一盒自己烤的饼干分给大家吃，大部分的人会说："这饼干怎么这么好吃啊！你也太厉害了吧！"这就是平铺直叙地说出对方的优点。当然，直接夸奖对方也有一定的效果，但是还不够。

而如果你想升级你的赞美，让对方印象更加深刻，就需要使用第二种说法——先坦陈你之前的刻板印象，再告诉对方，你现在看到的优点，是如何扭转了你对他的看法。这就是在靠印象的"落差"，让对方对你的称赞留下更深的印象。

比如，你可以这样说："坦白讲，我以前一直以为你是工作狂，除了工作之外什么都不爱，真没想到你竟然喜欢烘焙，而且手艺还这么好！真是想不到啊！"

说到底，赞美被当成客套话，往往是因为对方分辨不出来你的赞美究竟是不是出自真心。同事之间、朋友之间，如果不是太熟悉，话当然都挑好听的说。试想一下，如果整个办公室的人都跟那个同事说："你烤的饼干好好吃啊！"那对方当然很难分辨，你是因为同事一场所以给他留点面子，还是真心觉得饼干很好吃。

相反，如果你用丑话当作开场白，对方反而会觉得"他都这么坦白了，那想必是真心的"。而一旦他觉得你是在讲真心话，那接下来你的"反转"，也就是"过去对你的刻板印象是不对的，原来你这么棒"就不会让对方觉得像场面话了。

进一步说，这个技巧中讲的"印象落差"，不一定要由黑转红，只要是按照"原本没想到，现在你居然"这个思路，说出你心里的印象变化就可以了。所以，用"好上加好"的说法，同样也能创造落差感。

比如，你可以这样说："我原本觉得你挺靠谱的，但我没想到你居然……"停顿一下，语气反转说，"……你居然是这么靠谱啊！"

用语气的反转吊个胃口，能加强你的情绪感染力。对方在松一口气会心一笑的同时，也会把你的夸奖给记牢了。

+ · 延伸思考

有落差的赞美，更容易拉近你跟对方的关系。因为直来直去的赞美比如"你烤的饼干好好吃"，只是在陈述一个客观现象。而客观现象是不需要任何感情基础的，也就是说你不需要喜欢他或是了解他，也能称赞对方烤的饼干很好吃。但是，没有感情基础的赞美，往往不会打动人。

但如果你说"我过去只觉得你工作很靠谱，没想到你还这么会生活"，这时候，你就是在传达你对他的看法的变化。而这种话，通常你只会对熟悉的、重要的人说。毕竟，你不会对路人表达你对他的想法，但如果是朋友、家人，你就会乐意把对他的看法说出口。换句话说，当你向对方坦陈他在你心中由黑转红的经过时，他不仅会有成就感，更重要的是，对方会感觉到你是把他当成了自己亲近的人。

进一步说，"发现不被注意的优点"，会让对方特别感受到你对他的关注和重视。因为"工作努力做事靠谱"在职场上是一个常见的优点，可是在这个背后，"有生活情趣"则是很少有人会看到的东西。想要夸人夸得有新意，就要留心寻找这些更深层次的东西。

幽默达人的接梗技法

当你在态度上把对方的调侃变成一个笑话，
他也就不好意思再拿这个来攻击你了。

○· 可能遇到的问题

被别人调侃、开玩笑时，我应该怎么接话才能不冷场呢？如果对方的玩笑开得有点过分，但我又不想跟他撕破脸，我该怎么做呢？

常见的说法："你干吗笑我！不要乱讲！我根本不是这样的！"

更好的说法："其实，比你想的更严重……"

?· 为什么要这样说

被开玩笑的时候，有时你可能想跟着一起开玩笑，可是却不知道怎么参与进去，甚至有的时候别人把梗都递到你的嘴边了，你却不知道怎样去接住它，只能哈哈一笑就过去了，这很可惜。

其实这个时候，最简单的回应方法就是"自黑"，因为大家都觉得自黑的人既随和又有趣。可是，好像没有人教过我们该如何自黑，不懂诀窍的话临时想要自黑是不知道该怎么做的。而一个极易上手的自黑技巧就是——比你想的更严重。

举个例子，台湾有个搞笑艺人叫康康，他常常被狗仔拍到换了很多女朋友，这件事常在节目上被人调侃。康康如果辩解"不要乱讲！我没有交过那么多女朋友"就不好笑了，而且还会给人一种"你开不起玩笑"的感觉，这样他就不是搞笑艺人了。

而康康回应这种玩笑的方式，就是用"比你想的更严重"来自黑，他是这样说的："对啊，正因为这样，我在路上看到小朋友都不敢乱打，怕不小心打到自己的！"

这样回应，就算别人真的是想黑你，他也没有继续下去的动力了。而且，如果对方一开始对你是有恶意的，你只要不把它"当成"一种恶意，而是用开玩笑的方式自己给自己添油加醋，这件事情就会从一个恶意的攻击变成一个玩笑，你反而不会那么尴尬。

如果对方本来就是善意的，朋友之间开玩笑，有来有往才更有趣。这就像是两个人在做抛接球的游戏：我开你玩笑，是在扔一个球给你，如果这时候你板着脸说："你干吗笑我！"那就是你不想接这个球，让球掉在了地上，非常扫兴。

而如果我调侃你，你跟着哈哈大笑，你是接了我扔出来的球，可是你仍然没有把球丢回给我，这不叫作"接梗"，你还是个无趣的人。所以，你接了球光是拿在手上还不够，你还要把球丢回去。丢回去，你这个人才会显得有趣。

其实，无论对方扔什么球过来，无论是笑我们胖、笑我们矮、笑我们笨、笑我们是单身狗，如果你想开玩笑想把球丢回去，你都可以用这一招："其实，比你想的更严重。"

假如同学笑你数学差，如果你说："我数学哪有那么差"，这就是不接球，让球掉地上。而接球再把球丢回去的说法可以是："我数学是差，可是我物理更差呀！"同样，如果有人笑你唱歌难听，你可以说："这还叫难听？不要瞧不起人，我可以唱得更难听！不信你试试！"这都是在用"比你想的更严重"这个思路制造笑话。

✚ ▪ 延伸思考

　　可能有人会好奇，自黑的方式应该有很多种，为什么这里只教了一招"比你想的更严重"？这是因为，开玩笑接梗这件事，最重要的是反应要够快，当下就要给出回应。如果教你十种技巧，当对方扔球给你的时候，一时之间你却不知道用哪一招最好，想了半天终于想起来"其实，比你想的更严重"，但是接梗的时机已经过了，没人想听了。所以，把一种招式练熟，比一次学十招更有用。我们不是专业的喜剧演员，练好这一招，就可以应付日常的生活了。

第二节

安抚对方内心的小孩

每个情绪稳定的成年人，内心深处其实都住着一个需要安抚的小孩子。本节我们先以两个跟小孩沟通的案例，告诉大家如何通过"情绪共鸣"和"提供安全感"的方式，安抚身处糟糕境遇中的人。此外，像吃醋和悲伤这两种生活中常见的负面情绪，也有"增强自信"和"意识唤醒"的相应对策。掌握本节提供的四种安抚情绪的方法，在别人感到孤独、不自信、缺乏安全感或者迷茫失落的时候，你都能走进对方的心里，告诉这个不安的小孩："别担心，有我呢。"

倾听最好的方式就是"我知道你很难过"

否定、说教和偏袒，
是安抚情绪时的大忌。

○·可能遇到的问题

小孩在学校被老师批评了，跑来跟我抱怨，我该怎样安慰他呢？

常见的说法：

（1）"你不用难过，没什么大不了的，不要去在意这种事啦。"

（2）"为什么老师不批评别人，只批评你？你有没有反省过自己呢？"

（3）"你怎么能抱怨老师呢？老师肯定是对的！"

更好的说法："嗯，我感觉到你是真的很难过。我能做些什么让你心情好一点吗？"

?·为什么要这样说

小孩的情绪特别敏感，当他抱怨的时候，如果没有正确回应他的情绪，就可能变成人际互动的错误示范，并且对亲子关系造成负面影响。

沟通专家阿黛尔·法伯（Adele Faber）和伊莱恩·玛兹丽施（Elaine Mazlish）研究发现，家长在安抚小孩的时候，非常容易犯下三种错误：否定、说教、偏袒，而这很容易破坏亲子之间的信任。

首先，所谓"否定"，就是不承认小孩的感受。很多父母都会觉得，小孩子喜欢对自己的感受小题大做、夸大其词；甚至会觉得，孩子的很多负面感受根本就不应该存在。

比如，小孩告诉你，他遇到了一件难过的事情。这时候你跟他说："这没什么大不了的，你不用难过，睡一觉就没事了。"这看起来是在指导他如何渡过难关，实际上却是在否定他的感受。这会让小孩很受伤，因为他讲了自己的真实感受，却被当成一种不应该有的错误。

那么下次，小孩又有什么情绪，就会不想跟大人多说。大人问起的话，他也只会敷衍说"没事"。因为上一次的经历，让他形成了一个印象，那就是大人根本不会认真看待他的情绪。所以说，否定别人的感受，不会让这种感受消失或是让他变勇敢，而只是会让他学会隐瞒而已。

其次，所谓"说教"，就是讲大道理教训人。比如，小孩说他在学校被同学嘲笑了，结果你却说："为什么别人没被嘲笑，就你被嘲笑？你有没有反省过，是不是你哪里做得不对呢？"

其实每个人都讨厌别人说教，但是家长在小孩面前，很难克制自己教训人的冲动。因为彼此之间的身份关系，让家长觉得自己有义务、有权利随时说教，尤其是小孩在吐苦水的时候，他都是呈现出很脆弱、很受伤的那一面，这时候家长就更容易把自己当成心灵导师，要对他好好开导一番，但结果却只是让小孩更讨厌跟家长交流。

最后，所谓"偏袒"，就是非理性的站队。你毕竟不是当事人，很多情况都不了解，第一时间就站队，肯定是在偏袒。比如小孩跟你抱怨："老师太可恶了！"结果你却数落他一顿："你怎么可以这样说老师！老师总比你懂得多！"这就是在偏袒老师，你像这样胳膊肘向外拐，小孩当然会很失望。

不过，反过来偏袒小孩，也不是件好事。比如你随口附和他说："对！这老师太不像话了！凭什么当老师！你怎么会这么倒霉，要被他教？"这种说法，会让他越发觉得自己可怜，也更加怨恨老师。

其实，小孩抱怨归抱怨，通常只是想发泄情绪，发泄完也就没事了，隔天终究还是要回到学校，去跟老师相处。如果你过度偏袒小孩，随便附和他去诋毁老师，就变成不负责任地煽动情绪，也没有起到安抚的作用。

所以说，否定、说教、偏袒，都是"聆听抱怨"时的大忌。而真正适当的安抚方式，应该是"观察"和"描述"对方的感受，让他知道，你有接收到他的情绪，并且有耐心认真听他说下去。比如你可以说："嗯，我感觉到你是真的很难过。我能做些什么让你心情好一点吗？"或者是："嗯，看来老师真的让你很委屈，你觉得哪些地方他是在冤枉你呢？"

请注意，按照这样的讲法，你既没有否定他的感受，也没有试图说教，也没有表态支持哪一边，你只是在"描述"而已。但是只要小孩感觉到，你有接收到他的情绪，他就会很受安慰。因为他知道自己能够信任你，把你当成一个安全的情绪出口。那么接下来，他就会进一步地向你宣泄情绪、诉说苦恼。别担心，这是一个正常的心理减压过程，有什么道理可以等他冷静下来再谈。

✚ · 延伸思考

不只是大人对小孩，在普通的人际关系中，你也要尽量用观察和描述，来取代否定、说教和偏袒。比如朋友抱怨工作压力，你不应该说："工作就是这样，你不要想太多，好好做就是了。"而应该说："听你这样说，压力肯定很大吧，你是觉得老板偏袒同事，对吧？"这样，对方才会愿意跟你深聊下去。

你的孩子有没有"安全角"

很多父母没有意识到，
自己首先是安全角，
然后才是管教者。

○ · 可能遇到的问题

昨天孩子跟我抱怨，说同学欺负他。我让他自省是不是自己做错了什么，并且三番五次强调跟同学相处要团结友爱。但这之后，孩子看起来有心事，也不再找我聊学校的事了。我是不是不该责骂孩子？我现在该怎么修复我们的关系呢？

常见的说法："我不是跟你说过要听老师的话吗？现在有苦头吃了吧？"

更好的说法："乖，听到你这么说，我也很难过。别担心，我们一起面对。"

? · 为什么要这样说

当"情绪共鸣"不能解决问题的时候，就意味着问题真的比较严重了。像上一篇提到的"被老师批评"这样的事情，家长只需要让孩子的情绪表达出来就好，可是遇到"校园霸凌"这种事，家长就必须介入了。

不过，这时候父母经常有个误区，那就是希望借此机会教育孩子，让他们对一些平时听不进去的道理更加上心。可是这样一来，在孩子心里，父母就不再是"安全的依靠"，而这对亲密关系的伤害是根本性的。

曾有位北大毕业生称，他幼时遭人欺负，回家跟父母倾诉，想不到却只得到些冷嘲热讽，比如："这下你知道外面的世界很精彩了吧！"父母的这种沟通方式，让他既失望又愤怒，最终导致他离家求学后，与家里彻底决裂。

要避免这样的家庭悲剧，父母在进行亲子沟通时就必须意识到，孩子感到委屈的时候，要在第一时间成为他的"安全角"。

人跟动物一样，在外头受伤了，就会本能地想躲起来，找一个让自己有安全感的角落，去安心地舔舐伤口。这个地方，就是"安全角"。孩子心目中的安全角，最开始一定是父母，所以小孩但凡受了点委屈，第一反应就是去找爸妈倾诉，希望爸妈安慰他。

遗憾的是，很多父母没有意识到，自己首先是安全角，然后才是管教者。结果，小孩子期待的是安慰，等来的却是教鞭。因为很多父母误以为，趁着孩子受挫折、受打击的时候，来点严厉的教育，有利于小孩成长，但这其实大谬不然。

教导孩子这种事，学校能教，别人也能教，事前能教，事后也能教。然而在事情刚刚发生，孩子正沉浸在委屈情绪里的时候，父母能带给孩子的安全感，却是谁也替代不了的。

所以，对小孩来说，如果他在自己心中的安全角，得到的不是抚慰而是另一波刺激，那么他所能学到的唯一一件事，不是自己错在哪儿、以后应该怎样改进，而只是认识到"这个地方不安全"。久而久之，他就会开始疏远父母，遇到什么挫折也不想跟父母说，有什么心事，也不想跟父母倾诉了。

　　所以，父母应该要有一种自觉：当小孩遇到伤心事，跑来跟你诉苦的时候，就表示你是他的安全角。也许，小孩频频找你抱怨的，都是些芝麻小事，让人听得很不耐烦，甚至这些事情，本来就是你一直在提醒他，而他却一直当成耳边风的，现在闹成这样完全是他咎由自取。但是无论如何，你都要知道，小孩子第一时间向你求助，是一件非常温暖也非常可贵的事情。因为在这一刻，你是他心目中最安全、最信任的人。

　　而且，你完全不用担心，成为"安全角"就是无原则的溺爱，就不能再对孩子进行管教和指导。比如，小孩抱怨学校有同学欺负他，你说"别担心，我们一起想办法解决"，而不是"太不像话了，我找他们去！"其实就是在表明一种"无条件的支持，但不是无条件的袒护"的态度，而这才是"安全角"的意义所在。

　　进一步说，当你们真的"一起想办法解决问题"的时候，孩子一定会发现，"团结同学"正是题中应有之义。只是这时候，你不需要通过指责和伤害感情的方式来表达这个道理。在表示支持的前提下讲道理，对方才能听得进去，你也才能实现亲情和说理的双赢，这恰恰是"安全角"的意义所在。

✚·延伸思考

　　要维护安全角，并不是说你不能提醒小孩，什么事能做什么事不能做。假如你带小孩去逛街，可以警告他说："不要到处乱跑，很容易摔倒！"这样讲没有问题。但是，如果小孩乱跑，不小心真的摔倒受伤了，这时你再去责骂他，就是在破坏安全角了。

　　人跟人的亲密度，很多时候就是几句话决定的。如果你总是对小孩冷言冷语，小孩就不敢信任你，长大以后也自然而然就会疏远你。

但是，当年到底是你的哪一句话让孩子有这种感觉的，他可能也早就忘了。可是，那种不安全的感觉，却一直留在他心里。

这些沟通的道理，不仅适用于亲子之间，也适用于恋人和朋友之间。当对方向你倾诉的时候，无论你觉得对方的痛苦是多么无聊、多么不值一提，你都要了解一件事——他正在把你当成安全角，而这是很难得的信任。就算你有再多的道理要分享，也要在"我是你的安全角"这个前提下展开。

伴侣吃醋了怎么办

会吃醋，
就是因为人总会比较；
比较了就会自卑，自卑了就会吃醋。

○·可能遇到的问题

另一半特别爱吃醋，就连我在工作上跟异性有正常接触，他也会不开心，我该怎么办？

常见的说法："你怎么这么小心眼啊？只不过是工作之余吃个饭而已，就这么不相信我吗？"

更好的说法：

（1）"哎哟，你又不是不知道，这个同事是个工作狂，就连吃个饭，开口闭口都是工作，无趣得要死，你觉得我跟这种人，还能多讲什么话吗？"

（2）"我还要吃你的醋呢！你那个新同事能干又漂亮，我要是男生肯定追她，你跟她吃饭我才担心呢！"

（3）"我骨子里是什么样的人，只有你最知道，也只有你才懂得欣赏。除了你，我跟别人只可能是泛泛之交而已。"

?·为什么要这样说

面对另一半爱吃醋，很多人会觉得："我行得正走得端，你吃醋就是猜忌！就是怀疑我的人品！"或者反过来说："你既然爱我，为什么不相信我？难道你爱得不够真挚？"但是问题真的不是出在这里。如果你觉得对方小题大做，对方却觉得自己是在防微杜渐，你们非要分个对错，就只能两败俱伤了。

其实，吃醋是一种攻击性的心态，不单单是因为爱，也不单单是因为小心眼或是不信任。它真正的根源，是来自对方的"不自信"，也就是缺乏安全感。

所以，你应该换个思路，不要跟另一半争对错，而是要解决问题的根源，也就是让对方自信起来。会吃醋，就是因为人总会比较，比较了就会自卑，自卑了就会吃醋。要解决问题，你就应该主动建立情感关系里的安全感。

而要通过"增强自信"来建立安全感，具体的方法有三个：（1）吐槽吃醋对象；（2）反过来吃对方的醋；（3）把吃醋变成秀恩爱。

第一招，所谓"吐槽吃醋对象"，其实就是消灭伴侣的假想敌，即另一半吃醋的对象，可能是请你吃饭的老板、青梅竹马的老乡、高富帅的老同学等。你大概能猜到这些人身上有哪些地方是你的伴侣觉得自己比不过的，然后就可以对症下药地进行吐槽。

比如：学历高的，你可以说他是书呆子；有钱的，可以说他品位差；年纪轻的，可以说他幼稚；长得帅的、漂亮的，也可以说他徒有其表没有内涵。就算对方哪里都好，你还可以吐槽三观不合，根本聊不到一块儿。只要你多批判伴侣吃醋的对象，让伴侣觉得你对那个人根本看不上眼，那他自然就会有安全感了。

第二招则是"反过来吃对方的醋"，不过这不是教你倒打一耙，而是帮对方提高自信。另一半之所以会吃醋，是怕你并不在意他，这时候如果你"以毒攻毒"，找个机会对他吃点小醋，表现出很在意他的样子，恰恰治愈了他的痛处。而且，当对方反过来让你"别瞎想"的时候，将心比心，也会觉得自己之前确实是想多了。

当然，这种反过来吃醋的态度，不是指责而是嗔怪。你的潜台词是在说："你居然吃我的醋？你知不知道，在我眼里，你才是那个特别有魅力，容易招蜂引蝶的人呢！"这样一来，吃醋就变成了一种赞美。

而最后一招"把吃醋变成秀恩爱"，同样是基于"赞美"这个思路。真心相爱的两个人，彼此之间一定有很多默契是别人无法领会的。所以，当另一半觉得别人会把你抢走，或者你会喜欢上别人的时候，打消疑虑最好的办法，就是向对方证明：你们之间的默契是独特的，是别人不可能取代的。这其实是通过赞美你们之间关系的独一无二，让对方产生安全感，是一种最高级的"秀恩爱"。

＋·延伸思考

想让对方更自信，就需要学会夸人。而夸人要夸到心里，不能只夸表面的优点，而是要发现对方独特的、不会被取代的特质。比如，他是如何让你开心、如何让你觉得他了解你，或是他有什么气质，让你特别喜欢跟他待在一起。这些另一半独有的特质，才特别能建立他的信心，让他产生安全感。

怎样让悲伤的人振作起来

劝一个人鼓起勇气，
你不需要赋予他特别的力量，
因为重新振作的力量，就在他自己身上。

○· 可能遇到的问题

朋友的亲人去世，我希望表达安慰，让朋友感受到真诚的关心，能够重新振作起来。请问我该怎么说呢？

常见的说法："节哀顺变，人总有一天是要离开的，加油，坚强起来！"

更好的说法："我知道你很难过，可是如果你倒下了，你的孩子怎么办？"

?· 为什么要这样说

对于沉浸在悲伤中不能自拔的人，人们通常有两种态度：一种是对他百依百顺，希望通过无微不至的关心，让他心里舒服一点，早点走出这段阴郁的日子；还有另一种刚好相反，则是希望通过当头棒喝，让他醒悟过来，知道不能任凭自己沉浸在糟糕的情绪里。可是，这两种做法都有问题：顺着他，可能让他在情绪中陷溺得更深；而直接骂他，又怕他承受不住。

　　所以，鼓励一个人，既不能完全顺着他，也不能过度激烈，而是应该去唤醒他的另一种角色意识，然后再对他进行疏导。这在心理学上叫作"意识唤醒"。

　　每个人都同时扮演着很多角色，对父母而言你是子女、对妻子而言你是丈夫、对老板而言你是下属、对同事而言你是伙伴……每一种身份，都对应着不同的责任，当你想起这些身份的时候，自然就会想起有些必须做的事情。

　　遇到巨大的打击时，很多人的本能反应是紧抓着自己"被影响"的那个角色不放，而抛下了自己背负的其他角色。比如，当一个人父母过世的时候，他会非常哀痛，以至于满脑子都只剩下一种角色，就是"我作为子女，此时是多么绝望"，却忘记自己还有其他身份和责任。

　　这时候你想要劝说和安慰，就可以提醒他，不要忘记自己还有其他身份。比如你可以说："想想你的孩子，他们可全都指望着你呢。"通过这样一个轻轻的点拨，提醒他意识到作为父亲／母亲的身份，就能让他想起来："我不只是我爸的儿子，同时也是个父亲，所以不能过度悲伤，我还要照顾我的家庭！"这样，你就可以把他从悲伤的情绪中，一点一点地拉出来，获得一种心理上的跃升，这就是所谓的"意识唤醒"。

　　再比如，小朋友害怕打针，你就可以说："你看，旁边那个小妹妹也很害怕，你是大哥哥，给她做一个榜样好不好？"这种说法，其实也是一种"意识唤醒"。小朋友会想，自己虽然还小，但毕竟也有一定的身份和责任，装也要装出勇敢的样子。

　　此外，像警察、军人、消防员这些职业常常要面临生命危险，他们作为一个普通人，也会本能地感到畏惧，而统一的制服、严格的行为规范，在危急关头提醒他们"我是一名消防员"，就是在唤醒和强调他们的身份，帮助他们在那一刻克服恐惧、抑制悲伤，提起精神去履行他们的职责。

曾经有一张照片感动过无数的人，被称作"最美逆行"。画面的一边，是人群正在逃离火灾现场，另一边，则是一位消防员逆着人群，勇敢地奔向火场。这名消防员当时想到的一定不是"我是一个父亲""我是一个丈夫"，而是"我是一名消防员，我要完成我的使命"。

所以，当你要劝一个人走出悲伤、鼓起勇气的时候，你不需要赋予他特别的力量，因为重新振作的力量，就在他自己身上。只不过这种力量有时候被隐藏在某一个身份里，暂时被我们忘记了，需要被人唤醒才会激发出来。你不可能说了一段话后，就直接抚平了他的悲伤，让他变得无忧无虑。你能做的就是唤醒他，帮助他想起他是谁、应该做什么。

＋▪ 延伸思考

并不是所有的伤痛，都需要鼓励对方早点走出来。很多时候，对方只是想找人吐吐苦水，并不是真的深陷情绪，这种状况就不需要使用"意识唤醒"的技巧，而是要聆听、表示理解。

第三节

亲密互动的特殊规则

人情社会，特别在意亲疏远近，跟亲密的人互动，也要注意一些特殊的规则。无论是私下聊天时的话题选择、分享秘密时的注意事项，还是不得不提出批评时的表达方式，希望对方尊重自己私人空间时的迂回策略。这些说话智慧的总体原则，都是在不伤害对方感情的前提下，既能保正关系热络，又能把该说的话说到位。

让关系变得更亲密的"悲惨法则"

暴露缺点比展现优点
更能增进亲密感。

○· 可能遇到的问题

我自认对人很亲切，从来都是笑脸迎人，但是一直有人说，跟我相处很有距离感，不好亲近。这是怎么回事呢？我该怎样拉近跟别人的关系呢？

常见的说法："我是个好人 / 优秀的人，所以你应该跟我亲近。"

更好的说法："我是个有缺点的人，而我愿意向你暴露这些缺点，让你感到跟我是亲近的。"

?· 为什么要这样说

一般人都有个误区，以为自己必须够优秀，才能赢取大家的青睐，让人愿意亲近。所以，为了维护形象，很多人便拼命展现自己最完美的一面，而对于自己狼狈的一面，则绝口不提。

然而真相可能正好相反。根据著名心理学家西德尼·朱拉德（Sidney Jourard）提出的"自我揭露"理论，跟一个人相处，能感觉到多大的亲密感，取决于知道对方多少私密的事。越是推心置腹，感情就越紧密；反过来说，越是对私事顾左右而言他，就越代表彼此的关系有一定的距离。这就难怪，有些人虽然时刻保持开朗外向的形象，但是谁都觉得跟他没什么深交。因为别人如果只看到优点，就会觉得："这个人固然好，但跟我总像是隔着一层，感觉不够亲密。"

所以，用六个字简单地概括"自我揭露"的法则，那就是："晒秘密，换感情。"这个道理很好懂，但是操作起来并不容易。面对一个不熟悉的人，首先就不知道对方值不值得信任，其次是不知道自我揭露到哪一步才算合适。如果交浅言深，一开始就把自己祖宗十八代的糗事都给人说一遍，那肯定会把对方吓跑。而要适当地分享秘密，可以参考一个说法："我有一次很惨，但还好事情已经过去了，不过让我印象很深。"

有的秘密只能自己偷着乐，如果价值观不合，对方就不太能接受；有的秘密，属于对别人私下的议论，如果对方不能替你保密，就会造成不必要的麻烦。而最适合分享的隐私，是那些"谁都会觉得很糗的蠢事"，比如由于能力不足或粗心大意而导致的悲惨经历。这种糗事不会伤害任何人，只会让对方觉得，你既然愿意分享，肯定是把我当成了自己人。比如你曾经因为工作失误被老板骂，结果在办公室控制不住自己号啕大哭；你曾经因为自己的幼稚行为，弄得另一半很不开心；等等。

不用害怕失去形象，事实上这些糗事才能真的拉近彼此的距离。在这方面，心理学家威尔斯（Thomas Ashby Wills）有一个暗黑的发现：很多人其实是通过"向下比较"，来提升自己的幸福感的。面对比自己优秀的人，很容易产生嫉妒跟压力。但是发现别人不如自己，就会更容易产生亲近感和同情心。换句话说，你的缺点跟失败，反而是最适合增加亲密度的话题。

找对了分享秘密的类型，下一步就要让对方知道：这件事情已经过去了，我可以用积极的态度谈论不堪的往事，这表示我已经走出阴影了。

人的心理很微妙，一方面想听你说不堪回首的往事，以表明大家是自己人；但另一方面，大家又害怕你讲得太惨。因为你一旦在沟通的过程中表现出深刻的情绪困扰，对方心中就会产生"救助的压力"，好像他们突然变得有义务来帮助你、安慰你。这时候，别说亲密感了，对方恐怕只会想着怎样逃离你。

因此，分享自己的惨事，还必须加上这么一条——"还好事情已经过去了"。这样一来，对方才可以隔着一段距离，安全地欣赏你的悲惨故事。让他知道你之所以会分享这个秘密，不是因为现在还深受其扰，而单纯是因为印象深刻。更不用说，对自己过去的惨事，态度越是正面积极，越会给你带来反差的印象加分。

+ · 延伸思考

所谓"悲惨法则"，不是真的哭哭啼啼，而是隔着一段心理距离，安全地回顾之前的遭遇。把过去的悲惨经历当成一个笑话来讲，不只是给对方减压，也能使自己真的不再耿耿于怀。

怎样既分享秘密，又让对方保密

既然你忍不住把秘密告诉了对方，
对方一定也会忍不住想要分享出去。

○·可能遇到的问题

我跟朋友吐槽了我的老板，虽然把心里话讲出来很痛快，但事后却很怕他不小心说漏嘴，被其他同事知道。有没有什么方法能够确保他不把秘密说出去呢？

常见的说法："这件事，你千万千万不能跟别人说啊！"

更好的说法："这件事，你千万别让公司的人知道啊！"

?·为什么要这样说

遇到不适合张扬的事，守口如瓶当然最好，但是不能指望人人都能做到。既然是你先忍不住要告诉对方一个秘密，对方也有很大可能忍不住分享出去，差别只是"对谁分享"而已。所以，分享秘密之后，与其不现实地要求对方"谁都不能说"，还不如特别强调"哪些人不能说"，更能让对方帮你保守秘密。

想分享秘密，是因为人都有自我揭露的需求，渴望被其他人了解。把秘密藏在心里，代表要独自面对很多丑恶与不堪，而这是非常沉重的负担。所以，人才会想摘下面具，希望别人一起分担"秘密"的重量。

而一旦找到可以信任的人，在他面前卸下防备，真实地做自己，这是非常难得的事。就像小猫如果露出肚子，就代表它很开心、很放松。向朋友坦陈自己柔软的、不为人知的一面，同样会让人很快乐、很放松。

只是，坦陈秘密很轻松，但反过来说，"听秘密"就是一件很辛苦的事。一旦听了秘密，对方就会陷入一种"又甜又苦"的处境。甜，是因为对方觉得被信任，这是一件愉悦、很有成就感的事；苦，则是因为现在变成他要背负你的秘密，不知道可以跟谁分享。

所以，这时候要求对方"千万保证谁都不能讲"，既不厚道也不务实——明明是你自己因为藏着秘密太痛苦，才要分享出去，现在自己轻松了，就不顾对方的感受，希望对方替自己保守秘密，这叫不厚道。更何况，你分享的秘密越有趣、越重要、越难得，对方就越想把秘密分享出去。所以，要求对方谁都不能说，这叫不务实。

只是，这并不代表朋友是想背叛你。和你一样，他也只需要一个分享秘密的出口，而且他找的出口未必会伤害到你。事实上，如果是完全不能说的秘密，你自己也不会说出口，既然你能跟这个朋友讲出来，就代表这个秘密是"可以被知道"的，只是"不能被某些人知道"而已。

比如，你对老板的抱怨，最怕的是被你的同事们知道，而如果听到这些抱怨的朋友，是跟他的家人讲、跟工作无关的人讲，这就无伤大雅。朋友把秘密说出来，他会变得轻松一点，你也不会因此受伤。

换句话说，你要不就相信朋友的判断，信任对方不会跟不恰当的人说，要不就提醒对方："那个某某某，他很大嘴巴，千万不要让他知道。"或是："这件事别让公司的人知道，特别是我们同一个办公室的人。"让对方了解你的顾虑，请他特别注意，这就足够了。

总之，不要提出"我可以跟你讲，但是你跟谁都不能讲"这么不近人情的要求，不如务实一点，提出对方能够做到的要求。

+ ▪ 延伸思考

需要再次强调的是：实在不能让人知道的秘密，最好谁都不要说。但凡把秘密告诉别人，就要做好全世界都知道的准备。不过，在日常生活中，没必要给自己这么大压力。你可以在分享秘密时，给自己设定一个"安全层级"：离秘密所涉及的利害关系越近，不管是离事件近，还是离当事人近，都要更小心地分享秘密。反过来讲，离秘密的利害关系越远，就可以越放心。

孩子闯祸了，应该怎么教育

孩子知道犯错的"后果"，只会惧怕惩罚；
孩子知道犯错的"因果"，
才能学习自律。

○ · 可能遇到的问题

我家孩子比较粗心，常常丢三落四，像是学校布置的作业经常忘记带，牛奶没喝完却没有放回冰箱等，我该怎么跟他沟通呢？

常见的说法："牛奶没喝完为什么又没放回冰箱？！"

更好的说法："喝过的牛奶不放回冰箱的话会坏掉的！"

? · 为什么要这样说

谁的童年不闯祸？孩子年纪小，犯错是很正常的，重要的是在犯错之后怎样教导。责骂只会让孩子知道这件事的"后果"，也就是老师或者家长很生气，会有相应的惩罚；而解释错误行为的"因果"，也就是告知孩子，这件事在客观上会造成什么影响，他才会真正意识到自己错在哪里，从而学习如何自律。

以"喝过的牛奶乱扔"为例，很多父母的直觉反应是指责："喝过的牛奶为什么又没放回冰箱？！"这种说法只会让孩子知道，"我没把牛奶放回去，会让爸妈很生气"，甚至会觉得父母脾气很差。不过即便如此，小孩子总归是只知道"我会被骂"，而不是真的理解这件事"错在了哪里"。

而更好的说法是告知孩子，他的行为在客观上会造成什么后果，也就是重点讲清楚这件事所造成的负面影响。这种说法，就可以让孩子知道"不是爸妈脾气不好，而是客观上你这样做会造成什么损失"，如此一来，就能更好地引导孩子去做选择。

美国的两位亲子沟通专家阿黛尔 · 法伯（Adele Faber）和伊莱恩 · 玛兹丽施（Elaine Mazlish）的研究发现，比起责骂孩子，告知孩子客观的事实会让孩子更好地成长。用责骂的方式，是在用"恐惧感"驱动孩子改变自己。一开始可能会有点用处，但是孩子害怕久了，可能会出现两个极端：一是毫不顾及别人的感受，也就是叛逆；二是过度在意别人的感受，也就是自卑和敏感。显然这都不是最理想的结果。

退一步说，就算孩子的心态没有失衡，可是因为师长的逼迫他才愿意改变和成长，那师长不在身边的时候，他就很容易丧失自我管理的能力。很多孩子离开家去外地上学，生活突然之间就完全崩盘，就是因为爸妈过去管得太多、太细、太严，一旦没人管理，生活就会像脱缰烈马，彻底失控。

相反，如果你告知孩子，他的选择在客观上会带来什么结果，那么要不要改变就是孩子自己的决定。理论上，他可以做出任何选择，但同样也要承担相对应的代价，这样他就不只是在听你教训，更是在学习如何自律，学习为自己的选择负责。经过这样的过程学到的道理，才真正是他自己的。就算将来身边没有父母师长的监督，他的生活也不会失序。

当然，以这种方式施以教导，孩子并不是每次都会做出让你满意的选择。但我们要了解，"自律"是需要练习的。虽然他有时候会选错，但只要他能从中学到经验教训，就会慢慢学会自我管理，从而变得成熟。

✚ ▪ 延伸思考

　　这样的沟通技巧，不只可以应用在孩子身上，在成年人身上也很管用。因为很多成年人也是有点孩子气的。比如在职场上，直接责骂下属"你怎么又迟到了，这个月第几次了"就很容易让他有"主管又在找我麻烦了"的情绪。

　　但是，如果你告诉他："你一迟到，老板早上找不到人，就要其他同事帮你顶上，甚至可能会害他们被骂，你有考虑过他们有多委屈吗？"让他明白他的行为会造成哪些影响，他就知道不是你在找碴，也就更容易引导他主动去解决问题了。

亲人面前，怎样保护私人空间

对私人空间的侵犯，
往往打着关心和帮助的旗号。

○·可能遇到的问题

我是一个一岁宝宝的母亲，婆婆每天都会来看孩子。我虽然能理解老人家的心情，但是自己也想要些私人空间，不想婆婆每天都过来。请问，我要怎样跟婆婆讲呢？

常见的说法："妈，您不用每天来，我自己能照顾好宝宝，您偶尔来看看就好。"

更好的说法："妈，如果您要过来的话，麻烦您每天下午2点到4点，务必过来照看小孩。这时候他精神特别好，又爱疯又难哄，可麻烦了！"

？·为什么要这样说

亲人之间，之所以很难理直气壮地维护自己的私人空间，一是因为对方的"侵犯"，往往是打着"关心"和"帮助"的旗号。比如长辈喜欢经常到你家来，帮你收拾一下房间或者带带孩子。这样一来，你维护私人空间的态度，就很容易被理解成"不识好歹""嫌弃老人"，当然也就很难开得了口。

再者，年轻人和老年人在很多观念上都会有分歧。像是"私人空间"这件事，很多老人家可能因为没有这种需求，也就不太能理解年轻人对私人空间的渴望。

　　而当你想跟对方讨论一件事的时候，如果对方从根本上就不认可讨论的前提，那沟通就很容易造成误解。类似"常见的说法"用的表达方式，很可能让婆婆觉得你是在嫌弃她。

　　可能你没有嫌弃的意思，但很难说婆婆不会往这个方向去想。即便婆婆知道了你的需求，也照办了，但她也未必能真心接受和理解，长久下去心里难免会有疙瘩。

　　老年人是格外脆弱的，他们随着年龄的增长，越来越跟不上社会的节奏，对世界的掌控能力越来越弱，就会特别需要安全感，最怕的就是被嫌弃。能帮到你的地方本来就不多，如果连带孩子都不让他们插手，老人会更容易感到失落和沮丧。

　　那么，在亲人面前，真的就不能保护自己的私人空间吗？也不一定，你可以以退为进，提醒他们：你想来帮我当然很好，但是"被需要"的同时也意味着责任。

　　关于"把兴趣变成责任"，有个流传很久的老故事可供参考——有位老人觉得楼下天天有孩子来踢球很吵，但又不好直接把他们赶走，于是他采取迂回的方式，先对这些孩子说："你们踢得太好了，我很喜欢看，你们可不可以每天都过来踢球？我每天付给你们20块！"孩子们当然很高兴，每天都过来找老人拿了钱然后踢球。

　　过了几天，老人又对孩子们说："哎呀，实在抱歉，最近手头紧，每天只能给你们10块钱了。"孩子们当然不太情愿，但还是照旧拿了钱踢球。

　　又过了几天，老人对孩子们说："非常抱歉，最近钱不够用得省着点花，要不，每天给你们两块钱可以吗？"孩子们这下生气了："两块钱就想雇我们踢球？没门！"一赌气，就再也不来这里踢球了。

这个故事听起来像是一个笑话，但很多情况下，人的心理真的就是这样：当一件事从"我想要这么做"变成"我被迫要这样做"的时候，人就会失去内在的驱动力。如果这件事回报太少，甚至是费力不讨好，人就会渐渐产生排斥的情绪，最后不愿意再继续。

举个例子，当厨师的人通常一开始都挺喜欢做饭的，但是真当上了厨师，很多人就再也不愿意在家里做饭了，因为这样会让人有种回到家还要加班的感觉。又比方说，再怎么喜欢孩子的人，一旦成为专业的月嫂，也会知道"带小孩"是真正的工作，而不是陪小孩互动玩耍。

所以，如果你不希望婆婆每天都来你家，不妨试着让她意识到，"帮你照顾小孩"不是她的兴之所至，而是真正的责任。既然要来，那就说清楚几点到几点，需要做什么事。这样，婆婆就从"想要"来看孙子，变成了"务必"在规定的时间过来照看孙子。

也许刚开始她还会满口答应，但是久而久之，一定会找理由推诿，这时候你就可以顺水推舟地表示理解和体贴，反过来照顾她的感受，让她可以不必天天都来了。相对于你直接对她说"您不用来了"，这个结果要好太多了。

＋▪延伸思考

很多被迫帮忙带孩子的老人，常常会抱怨没有自己的生活。人就是这样，不被需要的时候觉得很失落，但是真正被需要的时候，又会意识到自己也是需要私人空间的。所以将心比心，想让别人尊重你的私人空间，最简单也最不伤感情的办法，就是提醒对方注意，私人空间是相互的。

理解

用情商表达自己